ADALBERT DECKERT

Die Logarithmen der natürlichen Zahlen und der Kreisfunktionen

Die Logarithmen der natürlichen Zahlen

und der

Kreisfunktionen

Herausgegeben
von
Prof. Dr. Adalbert Deckert

Neudruck

Walter de Gruyter & Co.; Berlin
vormals G. J. Göschen'sche Verlagshandlung, J. Guttentag, Verlagsbuchhandlung, Georg Reimer, Karl J. Trübner, Veit & Comp.
1948

Archiv-Nr. 121 447

Druck:
Steglitzer Druckerei G. m. b. H.
Berlin-Steglitz, Schützenstraße 7

Printed in Germany

Die Logarithmen

der

natürlichen Zahlen

von 1 bis 10 000

bezogen auf die Basis 10

Vermerk

Die Werte 5,00 . . . . bis 5,49 . . . . sind abgerundet auf 5,
geschrieben $\dot{5}$.

„ „ 4,50 . . . . bis 4,99 . . . . sind aufgerundet auf 5,
geschrieben $\bar{5}$.

*Die Logarithmen der Kreisfunktionen
befinden sich am Schluß nach Seite 22*

N	0	1	2	3	4	5	6	7	8	9
0	— ∞	00 000	30 103	47 712	60 206	69 897	77 815	84 510	90 309	95 424
1	00 000	04 139	07 918	11 394	14 613	17 609	20 412	23 045	25 527	27 875
2	30 103	32 222	34 242	36 173	38 021	39 794	41 497	43 136	44 716	46 240
3	47 712	49 136	50 515	51 851	53 148	54 407	55 630	56 820	57 978	59 106
4	60 206	61 278	62 325	63 347	64 345	65 321	66 276	67 210	68 124	69 020
5	69 897	70 757	71 600	72 428	73 239	74 036	74 819	75 587	76 343	77 085
6	77 815	78 533	79 239	79 934	80 618	81 291	81 954	82 607	83 251	83 885
7	84 510	85 126	85 733	86 332	86 923	87 506	88 081	88 649	89 209	89 763
8	90 309	90 849	91 381	91 908	92 428	92 942	93 450	93 952	94 448	94 939
9	95 424	95 904	96 379	96 848	97 313	97 772	98 227	98 677	99 123	99 564
10	00 000	00 432	00 860	01 284	01 703	02 119	02 531	02 938	03 342	03 743
11	04 139	04 532	04 922	05 308	05 690	06 070	06 446	06 819	07 188	07 555
12	07 918	08 279	08 636	08 991	09 342	09 691	10 037	10 380	10 721	11 059
13	11 394	11 727	12 057	12 385	12 710	13 033	13 354	13 672	13 988	14 301
14	14 613	14 922	15 229	15 534	15 836	16 137	16 435	16 732	17 026	17 319
15	17 609	17 898	18 184	18 469	18 752	19 033	19 312	19 590	19 866	20 140
16	20 412	20 683	20 952	21 219	21 484	21 748	22 011	22 272	22 531	22 789
17	23 045	23 300	23 553	23 805	24 055	24 304	24 551	24 797	25 042	25 285
18	25 527	25 768	26 007	26 245	26 482	26 717	26 951	27 184	27 416	27 646
19	27 875	28 103	28 330	28 556	28 780	29 003	29 226	29 447	29 667	29 885
20	30 103	30 320	30 535	30 750	30 963	31 175	31 387	31 597	31 806	32 015
21	32 222	32 428	32 634	32 838	33 041	33 244	33 445	33 646	33 846	34 044
22	34 242	34 439	34 635	34 830	35 025	35 218	35 411	35 603	35 793	35 984
23	36 173	36 361	36 549	36 736	36 922	37 107	37 291	37 475	37 658	37 840
24	38 021	38 202	38 382	38 561	38 739	38 917	39 094	39 270	39 445	39 620
25	39 794	39 967	40 140	40 312	40 483	40 654	40 824	40 993	41 162	41 330
26	41 497	41 664	41 830	41 996	42 160	42 325	42 488	42 651	42 813	42 975
27	43 136	43 297	43 457	43 616	43 775	43 933	44 091	44 248	44 404	44 560
28	44 716	44 871	45 025	45 179	45 332	45 484	45 637	45 788	45 939	46 090
29	46 240	46 389	46 538	46 687	46 835	46 982	47 129	47 276	47 422	47 567
30	47 712	47 857	48 001	48 144	48 287	48 430	48 572	48 714	48 855	48 996
31	49 136	49 276	49 415	49 554	49 693	49 831	49 969	50 106	50 243	50 379
32	50 515	50 651	50 786	50 920	51 055	51 188	51 322	51 455	51 587	51 720
33	51 851	51 983	52 114	52 244	52 375	52 504	52 634	52 763	52 892	53 020
34	53 148	53 275	53 403	53 529	53 656	53 782	53 908	54 033	54 158	54 283
35	54 407	54 531	54 654	54 777	54 900	55 023	55 145	55 267	55 388	55 509
36	55 630	55 751	55 871	55 991	56 110	56 229	56 348	56 467	56 585	56 703
37	56 820	56 937	57 054	57 171	57 287	57 403	57 519	57 634	57 749	57 864
38	57 978	58 092	58 206	58 320	58 433	58 546	58 659	58 771	58 883	58 995
39	59 106	59 218	59 329	59 439	59 550	59 660	59 770	59 879	59 988	60 097
40	60 206	60 314	60 423	60 531	60 638	60 746	60 853	60 959	61 066	61 172
41	61 278	61 384	61 490	61 595	61 700	61 805	61 909	62 014	62 118	62 221
42	62 325	62 428	62 531	62 634	62 737	62 839	62 941	63 043	63 144	63 246
43	63 347	63 448	63 548	63 649	63 749	63 849	63 949	64 048	64 147	64 246
44	64 345	64 444	64 542	64 640	64 738	64 836	64 933	65 031	65 128	65 225
45	65 321	65 418	65 514	65 610	65 706	65 801	65 896	65 992	66 087	66 181
46	66 276	66 370	66 464	66 558	66 652	66 745	66 839	66 932	67 025	67 117
47	67 210	67 302	67 394	67 486	67 578	67 669	67 761	67 852	67 943	68 034
48	68 124	68 215	68 305	68 395	68 485	68 574	68 664	68 753	68 842	68 931
49	69 020	69 108	69 197	69 285	69 373	69 461	69 548	69 636	69 723	69 810
50	69 897	69 984	70 070	70 157	70 243	70 329	70 415	70 501	70 586	70 672
N	0	1	2	3	4	5	6	7	8	9

50—100

N	0	1	2	3	4	5	6	7	8	9
50	69 897	69 984	70 070	70 157	70 243	70 329	70 415	70 501	70 586	70 672
51	70 757	70 842	70 927	71 012	71 096	71 181	71 265	71 349	71 433	71 517
52	71 600	71 684	71 767	71 850	71 933	72 016	72 099	72 181	72 263	72 346
53	72 428	72 509	72 591	72 673	72 754	72 835	72 916	72 997	73 078	73 159
54	73 239	73 320	73 400	73 480	73 560	73 640	73 719	73 799	73 878	73 957
55	74 036	74 115	74 194	74 273	74 351	74 429	74 507	74 586	74 663	74 741
56	74 819	74 896	74 974	75 051	75 128	75 205	75 282	75 358	75 435	75 511
57	75 587	75 664	75 740	75 815	75 891	75 967	76 042	76 118	76 193	76 268
58	76 343	76 418	76 492	76 567	76 641	76 716	76 790	76 864	76 938	77 012
59	77 085	77 159	77 232	77 305	77 379	77 452	77 525	77 597	77 670	77 743
60	77 815	77 887	77 960	78 032	78 104	78 176	78 247	78 319	78 390	78 462
61	78 533	78 604	78 675	78 746	78 817	78 888	78 958	79 029	79 099	79 169
62	79 239	79 309	79 379	79 449	79 518	79 588	79 657	79 727	79 796	79 865
63	79 934	80 003	80 072	80 140	80 209	80 277	80 346	80 414	80 482	80 550
64	80 618	80 686	80 754	80 821	80 889	80 956	81 023	81 090	81 158	81 224
65	81 291	81 358	81 425	81 491	81 558	81 624	81 690	81 757	81 823	81 889
66	81 954	82 020	82 086	82 151	82 217	82 282	82 347	82 413	82 478	82 543
67	82 607	82 672	82 737	82 802	82 866	82 930	82 995	83 059	83 123	83 187
68	83 251	83 315	83 378	83 442	83 506	83 569	83 632	83 696	83 759	83 822
69	83 885	83 948	84 011	84 073	84 136	84 198	84 261	84 323	84 386	84 448
70	84 510	84 572	84 634	84 696	84 757	84 819	84 880	84 942	85 003	85 065
71	85 126	85 187	85 248	85 309	85 370	85 431	85 491	85 552	85 612	85 673
72	85 733	85 794	85 854	85 914	85 974	86 034	86 094	86 153	86 213	86 273
73	86 332	86 392	86 451	86 510	86 570	86 629	86 688	86 747	86 806	86 864
74	86 923	86 982	87 040	87 099	87 157	87 216	87 274	87 332	87 390	87 448
75	87 506	87 564	87 622	87 679	87 737	87 795	87 852	87 910	87 967	88 024
76	88 081	88 138	88 195	88 252	88 309	88 366	88 423	88 480	88 536	88 593
77	88 649	88 705	88 762	88 818	88 874	88 930	88 986	89 042	89 098	89 154
78	89 209	89 265	89 321	89 376	89 432	89 487	89 542	89 597	89 653	89 708
79	89 763	89 818	89 873	89 927	89 982	90 037	90 091	90 146	90 200	90 255
80	90 309	90 363	90 417	90 472	90 526	90 580	90 634	90 687	90 741	90 795
81	90 849	90 902	90 956	91 009	91 062	91 116	91 169	91 222	91 275	91 328
82	91 381	91 434	91 487	91 540	91 593	91 645	91 698	91 751	91 803	91 855
83	91 908	91 960	92 012	92 065	92 117	92 169	92 221	92 273	92 324	92 376
84	92 428	92 480	92 531	92 583	92 634	92 686	92 737	92 788	92 840	92 891
85	92 942	92 993	93 044	93 095	93 146	93 197	93 247	93 298	93 349	93 399
86	93 450	93 500	93 551	93 601	93 651	93 702	93 752	93 802	93 852	93 902
87	93 952	94 002	94 052	94 101	94 151	94 201	94 250	94 300	94 349	94 399
88	94 448	94 498	94 547	94 596	94 645	94 694	94 743	94 792	94 841	94 890
89	94 939	94 988	95 036	95 085	95 134	95 182	95 231	95 279	95 328	95 376
90	95 424	95 472	95 521	95 569	95 617	95 665	95 713	95 761	95 809	95 856
91	95 904	95 952	95 999	96 047	96 095	96 142	96 190	96 237	96 284	96 332
92	96 379	96 426	96 473	96 520	96 567	96 614	96 661	96 708	96 755	96 802
93	96 848	96 895	96 942	96 988	97 035	97 081	97 128	97 174	97 220	97 267
94	97 313	97 359	97 405	97 451	97 497	97 543	97 589	97 635	97 681	97 727
95	97 772	97 818	97 864	97 909	97 955	98 000	98 046	98 091	98 137	98 182
96	98 227	98 272	98 318	98 363	98 408	98 453	98 498	98 543	98 588	98 632
97	98 677	98 722	98 767	98 811	98 856	98 900	98 945	98 989	99 034	99 078
98	99 123	99 167	99 211	99 255	99 300	99 344	99 388	99 432	99 476	99 520
99	99 564	99 607	99 651	99 695	99 739	99 782	99 826	99 870	99 913	99 957
100	00 000	00 043	00 087	00 130	00 173	00 217	00 260	00 303	00 346	00 389
N	0	1	2	3	4	5	6	7	8	9

100—150

1
00 000
30 298

N	0	1	2	3	4	5	6	7	8	9
100	00 000	043	087	130	173	217	260	303	346	389
101	432	475	518	561	604	647	689	732	775	817
102	860	903	945	988	*030	*072	*115	*157	*199	*242
103	01 284	326	368	410	452	494	536	578	620	662
104	703	745	787	828	870	912	953	995	*036	*078
105	02 119	160	202	243	284	325	366	407	449	490
106	531	572	612	653	694	735	776	816	857	898
107	938	979	*019	*060	*100	*141	*181	*222	*262	*302
108	03 342	383	423	463	503	543	583	623	663	703
109	743	782	822	862	902	941	981	*021	*060	*100
110	04 139	179	218	258	297	336	376	415	454	493
111	532	571	610	650	689	727	766	805	844	883
112	922	961	999	*038	*077	*115	*154	*192	*231	*269
113	05 308	346	385	423	461	500	538	576	614	652
114	690	729	767	805	843	881	918	956	994	*032
115	06 070	108	145	183	221	258	296	333	371	408
116	446	483	521	558	595	633	670	707	744	781
117	819	856	893	930	967	*004	*041	*078	*115	*151
118	07 188	225	262	298	335	372	408	445	482	518
119	555	591	628	664	700	737	773	809	846	882
120	918	954	990	*027	*063	*099	*135	*171	*207	*243
121	08 279	314	350	386	422	458	493	529	565	600
122	636	672	707	743	778	814	849	884	920	955
123	991	*026	*061	*096	*132	*167	*202	*237	*272	*307
124	09 342	377	412	447	482	517	552	587	621	656
125	691	726	760	795	830	864	899	934	968	*003
126	10 037	072	106	140	175	209	243	278	312	346
127	380	415	449	483	517	551	585	619	653	687
128	721	755	789	823	857	890	924	958	992	*025
129	11 059	093	126	160	193	227	261	294	327	361
130	394	428	461	494	528	561	594	628	661	694
131	727	760	793	826	860	893	926	959	992	*024
132	12 057	090	123	156	189	222	254	287	320	352
133	385	418	450	483	516	548	581	613	646	678
134	710	743	775	808	840	872	905	937	969	*001
135	13 033	066	098	130	162	194	226	258	290	322
136	354	386	418	450	481	513	545	577	609	640
137	672	704	735	767	799	830	862	893	925	956
138	988	*019	*051	*082	*114	*145	*176	*208	*239	*270
139	14 301	333	364	395	426	457	489	520	551	582
140	613	644	675	706	737	768	799	829	860	891
141	922	953	983	*014	*045	*076	*106	*137	*168	*198
142	15 229	259	290	320	351	381	412	442	473	503
143	534	564	594	625	655	685	715	746	776	806
144	836	866	897	927	957	987	*017	*047	*077	*107
145	16 137	167	197	227	256	286	316	346	376	406
146	435	465	495	524	554	584	613	643	673	702
147	732	761	791	820	850	879	909	938	967	997
148	17 026	056	085	114	143	173	202	231	260	289
149	319	348	377	406	435	464	493	522	551	580
150	609	638	667	696	725	754	782	811	840	869
N	0	1	2	3	4	5	6	7	8	9

P P

	44	**43**	**42**
1	4,4	4,3	4,2
2	8,8	8,6	8,4
3	13,2	12,9	12,6
4	17,6	17,2	16,8
5	22,0	21,5	21,0
6	26,4	25,8	25,2
7	30,8	30,1	29,4
8	35,2	34,4	33,6
9	39,6	38,7	37,8

	41	**40**	**39**
1	4,1	4,0	3,9
2	8,2	8,0	7,8
3	12,3	12,0	11,7
4	16,4	16,0	15,6
5	20,5	20,0	19,5
6	24,6	24,0	23,4
7	28,7	28,0	27,3
8	32,8	32,0	31,2
9	36,9	36,0	35,1

	38	**37**	**36**
1	3,8	3,7	3,6
2	7,6	7,4	7,2
3	11,4	11,1	10,8
4	15,2	14,8	14,4
5	19,0	18,5	18,0
6	22,8	22,2	21,6
7	26,6	25,9	25,2
8	30,4	29,6	28,8
9	34,2	33,3	32,4

	35	**34**	**33**
1	3,5	3,4	3,3
2	7,0	6,8	6,6
3	10,5	10,2	9,9
4	14,0	13,6	13,2
5	17,5	17,0	16,5
6	21,0	20,4	19,8
7	24,5	23,8	23,1
8	28,0	27,2	26,4
9	31,5	30,6	29,7

	32	**31**	**30**
1	3,2	3,1	3,0
2	6,4	6,2	6,0
3	9,6	9,3	9,0
4	12,8	12,4	12,0
5	16,0	15,5	15,0
6	19,2	18,6	18,0
7	22,4	21,7	21,0
8	25,6	24,8	24,0
9	28,8	27,9	27,0

P P

150—200

N	0	1	2	3	4	5	6	7	8	9
150	17 609	638	667	696	725	754	782	811	840	869
151	898	926	955	984	*013	*041	*070	*099	*127	*156
152	18 184	213	241	270	298	327	355	384	412	441
153	469	498	526	554	583	611	639	667	696	724
154	752	780	808	837	865	893	921	949	977	*005
155	19 033	061	089	117	145	173	201	229	257	285
156	312	340	368	396	424	451	479	507	535	562
157	590	618	645	673	700	728	756	783	811	838
158	866	893	921	948	976	*003	*030	*058	*085	*112
159	20 140	167	194	222	249	276	303	330	358	385
160	412	439	466	493	520	548	575	602	629	656
161	683	710	737	763	790	817	844	871	898	925
162	952	978	*005	*032	*059	*085	*112	*139	*165	*192
163	21 219	245	272	299	325	352	378	405	431	458
164	484	511	537	564	590	617	643	669	696	722
165	748	775	801	827	854	880	906	932	958	985
166	22 011	037	063	089	115	141	167	194	220	246
167	272	298	324	350	376	401	427	453	479	505
168	531	557	583	608	634	660	686	712	737	763
169	789	814	840	866	891	917	943	968	994	*019
170	23 045	070	096	121	147	172	198	223	249	274
171	300	325	350	376	401	426	452	477	502	528
172	553	578	603	629	654	679	704	729	754	779
173	805	830	855	880	905	930	955	980	*005	*030
174	24 055	080	105	130	155	180	204	229	254	279
175	304	329	353	378	403	428	452	477	502	527
176	551	576	601	625	650	674	699	724	748	773
177	797	822	846	871	895	920	944	969	993	*018
178	25 042	066	091	115	139	164	188	212	237	261
179	285	310	334	358	382	406	431	455	479	503
180	527	551	575	600	624	648	672	696	720	744
181	768	792	816	840	864	888	912	935	959	983
182	26 007	031	055	079	102	126	150	174	198	221
183	245	269	293	316	340	364	387	411	435	458
184	482	505	529	553	576	600	623	647	670	694
185	717	741	764	788	811	834	858	881	905	928
186	951	975	998	*021	*045	*068	*091	*114	*138	*161
187	27 184	207	231	254	277	300	323	346	370	393
188	416	439	462	485	508	531	554	577	600	623
189	646	669	692	715	738	761	784	807	830	852
190	875	898	921	944	967	989	*012	*035	*058	*081
191	28 103	126	149	171	194	217	240	262	285	307
192	330	353	375	398	421	443	466	488	511	533
193	556	578	601	623	646	668	691	713	735	758
194	780	803	825	847	870	892	914	937	959	981
195	29 003	026	048	070	092	115	137	159	181	203
196	226	248	270	292	314	336	358	380	403	425
197	447	469	491	513	535	557	579	601	623	645
198	667	688	710	732	754	776	798	820	842	863
199	885	907	929	951	973	994	*016	*038	*060	*081
200	30 103	125	146	168	190	211	233	255	276	298
N	0	1	2	3	4	5	6	7	8	9

P P

	29	**28**
1	2,9	2,8
2	5,8	5,6
3	8,7	8,4
4	11,6	11,2
5	14,5	14,0
6	17,4	16,8
7	20,3	19,6
8	23,2	22,4
9	26,1	25,2

	27	**26**
1	2,7	2,6
2	5,4	5,2
3	8,1	7,8
4	10,8	10,4
5	13,5	13,0
6	16,2	15,6
7	18,9	18,2
8	21,6	20,8
9	24,3	23,4

	25
1	2,5
2	5,0
3	7,5
4	10,0
5	12,5
6	15,0
7	17,5
8	20,0
9	22,5

	24	**23**
1	2,4	2,3
2	4,8	4,6
3	7,2	6,9
4	9,6	9,2
5	12,0	11,5
6	14,4	13,8
7	16,8	16,1
8	19,2	18,4
9	21,6	20,7

	22	**21**
1	2,2	2,1
2	4,4	4,2
3	6,6	6,3
4	8,8	8,4
5	11,0	10,5
6	13,2	12,6
7	15,4	14,7
8	17,6	16,8
9	19,8	18,9

1
00 000
30 298

200—250

2
30 103
47 842

N	0	1	2	3	4	5	6	7	8	9
200	30 103	125	146	168	190	211	233	255	276	298
201	320	341	363	384	406	428	449	471	492	514
202	535	557	578	600	621	643	664	685	707	728
203	750	771	792	814	835	856	878	899	920	942
204	963	984	*006	*027	*048	*069	*091	*112	*133	*154
205	31 175	197	218	239	260	281	302	323	345	366
206	387	408	429	450	471	492	513	534	555	576
207	597	618	639	660	681	702	723	744	765	785
208	806	827	848	869	890	911	931	952	973	994
209	32 015	035	056	077	098	118	139	160	181	201
210	222	243	263	284	305	325	346	366	387	408
211	428	449	469	490	510	531	552	572	593	613
212	634	654	675	695	715	736	756	777	797	818
213	838	858	879	899	919	940	960	980	*001	*021
214	33 041	062	082	102	122	143	163	183	203	224
215	244	264	284	304	325	345	365	385	405	425
216	445	465	486	506	526	546	566	586	606	626
217	646	666	686	706	726	746	766	786	806	826
218	846	866	885	905	925	945	965	985	*005	*025
219	34 044	064	084	104	124	143	163	183	203	223
220	242	262	282	301	321	341	361	380	400	420
221	439	459	479	498	518	537	557	577	596	616
222	635	655	674	694	713	733	753	772	792	811
223	830	850	869	889	908	928	947	967	986	*005
224	35 025	044	064	083	102	122	141	160	180	199
225	218	238	257	276	295	315	334	353	372	392
226	411	430	449	468	488	507	526	545	564	583
227	603	622	641	660	679	698	717	736	755	774
228	793	813	832	851	870	889	908	927	946	965
229	984	*003	*021	*040	*059	*078	*097	*116	*135	*154
230	36 173	192	211	229	248	267	286	305	324	342
231	361	380	399	418	436	455	474	493	511	530
232	549	568	586	605	624	642	661	680	698	717
233	736	754	773	791	810	829	847	866	884	903
234	922	940	959	977	996	*014	*033	*051	*070	*088
235	37 107	125	144	162	181	199	218	236	254	273
236	291	310	328	346	365	383	401	420	438	457
237	475	493	511	530	548	566	585	603	621	639
238	658	676	694	712	731	749	767	785	803	822
239	840	858	876	894	912	931	949	967	985	*003
240	38 021	039	057	075	093	112	130	148	166	184
241	202	220	238	256	274	292	310	328	346	364
242	382	399	417	435	453	471	489	507	525	543
243	561	578	596	614	632	650	668	686	703	721
244	739	757	775	792	810	828	846	863	881	899
245	917	934	952	970	987	*005	*023	*041	*058	*076
246	39 094	111	129	146	164	182	199	217	235	252
247	270	287	305	322	340	358	375	393	410	428
248	445	463	480	498	515	533	550	568	585	602
249	620	637	655	672	690	707	724	742	759	777
250	794	811	829	846	863	881	898	915	933	950
N	0	1	2	3	4	5	6	7	8	9

P P

	22	21
1	2,2	2,1
2	4,4	4,2
3	6,6	6,3
4	8,8	8,4
5	11,0	10,5
6	13,2	12,6
7	15,4	14,7
8	17,6	16,8
9	19,8	18,9

	20
1	2,0
2	4,0
3	6,0
4	8,0
5	10,0
6	12,0
7	14,0
8	16,0
9	18,0

	19
1	1,9
2	3,8
3	5,7
4	7,6
5	9,5
6	11,4
7	13,3
8	15,2
9	17,1

	18
1	1,8
2	3,6
3	5,4
4	7,2
5	9,0
6	10,8
7	12,6
8	14,4
9	16,2

	17
1	1,7
2	3,4
3	5,1
4	6,8
5	8,5
6	10,2
7	11,9
8	13,6
9	15,3

P P

250—300

N	0	1	2	3	4	5	6	7	8	9
250	39 794	811	829	846	863	881	898	915	933	950
251	967	985	*002	*019	*037	*054	*071	*088	*106	*123
252	40 140	157	175	192	209	226	243	261	278	295
253	312	329	346	364	381	398	415	432	449	466
254	483	500	518	535	552	569	586	603	620	637
255	654	671	688	705	722	739	756	773	790	807
256	824	841	858	875	892	909	926	943	960	976
257	993	*010	*027	*044	*061	*078	*095	*111	*128	*145
258	41 162	179	196	212	229	246	263	280	296	313
259	330	347	363	380	397	414	430	447	464	481
260	497	514	531	547	564	581	597	614	631	647
261	664	681	697	714	731	747	764	780	797	814
262	830	847	863	880	896	913	929	946	963	979
263	996	*012	*029	*045	*062	*078	*095	*111	*127	*144
264	42 160	177	193	210	226	243	259	275	292	308
265	325	341	357	374	390	406	423	439	455	472
266	488	504	521	537	553	570	586	602	619	635
267	651	667	684	700	716	732	749	765	781	797
268	813	830	846	862	878	894	911	927	943	959
269	975	991	*008	*024	*040	*056	*072	*088	*104	*120
270	43 136	152	169	185	201	217	233	249	265	281
271	297	313	329	345	361	377	393	409	425	441
272	457	473	489	505	521	537	553	569	584	600
273	616	632	648	664	680	696	712	727	743	759
274	775	791	807	823	838	854	870	886	902	917
275	933	949	965	981	996	*012	*028	*044	*059	*075
276	44 091	107	122	138	154	170	185	201	217	232
277	248	264	279	295	311	326	342	358	373	389
278	404	420	436	451	467	483	498	514	529	545
279	560	576	592	607	623	638	654	669	685	700
280	716	731	747	762	778	793	809	824	840	855
281	871	886	902	917	932	948	963	979	994	*010
282	45 025	040	056	071	086	102	117	133	148	163
283	179	194	209	225	240	255	271	286	301	317
284	332	347	362	378	393	408	423	439	454	469
285	484	500	515	530	545	561	576	591	606	621
286	637	652	667	682	697	712	728	743	758	773
287	788	803	818	834	849	864	879	894	909	924
288	939	954	969	984	*000	*015	*030	*045	*060	*075
289	46 090	105	120	135	150	165	180	195	210	225
290	240	255	270	285	300	315	330	345	359	374
291	389	404	419	434	449	464	479	494	509	523
292	538	553	568	583	598	613	627	642	657	672
293	687	702	716	731	746	761	776	790	805	820
294	835	850	864	879	894	909	923	938	953	967
295	982	997	*012	*026	*041	*056	*070	*085	*100	*114
296	47 129	144	159	173	188	202	217	232	246	261
297	276	290	305	319	334	349	363	378	392	407
298	422	436	451	465	480	494	509	524	538	553
299	567	582	596	611	625	640	654	669	683	698
300	712	727	741	756	770	784	799	813	828	842
N	0	1	2	3	4	5	6	7	8	9

P P

	18	17	16	15	14
1	1,8	1,7	1,6	1,5	1,4
2	3,6	3,4	3,2	3,0	2,8
3	5,4	5,1	4,8	4,5	4,2
4	7,2	6,8	6,4	6,0	5,6
5	9,0	8,5	8,0	7,5	7,0
6	10,8	10,2	9,6	9,0	8,4
7	12,6	11,9	11,2	10,5	9,8
8	14,4	13,6	12,8	12,0	11,2
9	16,2	15,3	14,4	13,5	12,6

2
30 103
47 842

300—350

3
47 712
60 304

N	0	1	2	3	4	5	6	7	8	9
300	47 712	727	741	756	770	784	799	813	828	842
301	857	871	885	900	914	929	943	958	972	986
302	48 001	015	029	044	058	073	087	101	116	130
303	144	159	173	187	202	216	230	244	259	273
304	287	302	316	330	344	359	373	387	401	416
305	430	444	458	473	487	501	515	530	544	558
306	572	586	601	615	629	643	657	671	686	700
307	714	728	742	756	770	785	799	813	827	841
308	855	869	883	897	911	926	940	954	968	982
309	996	*010	*024	*038	*052	*066	*080	*094	*108	*122
310	49 136	150	164	178	192	206	220	234	248	262
311	276	290	304	318	332	346	360	374	388	402
312	415	429	443	457	471	485	499	513	527	541
313	554	568	582	596	610	624	638	651	665	679
314	693	707	721	734	748	762	776	790	803	817
315	831	845	859	872	886	900	914	927	941	955
316	969	982	996	*010	*024	*037	*051	*065	*079	*092
317	50 106	120	133	147	161	174	188	202	215	229
318	243	256	270	284	297	311	325	338	352	365
319	379	393	406	420	433	447	461	474	488	501
320	515	529	542	556	569	583	596	610	623	637
321	651	664	678	691	705	718	732	745	759	772
322	786	799	813	826	840	853	866	880	893	907
323	920	934	947	961	974	987	*001	*014	*028	*041
324	51 055	068	081	095	108	121	135	148	162	175
325	188	202	215	228	242	255	268	282	295	308
326	322	335	348	362	375	388	402	415	428	441
327	455	468	481	495	508	521	534	548	561	574
328	587	601	614	627	640	654	667	680	693	706
329	720	733	746	759	772	786	799	812	825	838
330	851	865	878	891	904	917	930	943	957	970
331	983	996	*009	*022	*035	*048	*061	*075	*088	*101
332	52 114	127	140	153	166	179	192	205	218	231
333	244	257	270	284	297	310	323	336	349	362
334	375	388	401	414	427	440	453	466	479	492
335	504	517	530	543	556	569	582	595	608	621
336	634	647	660	673	686	699	711	724	737	750
337	763	776	789	802	815	827	840	853	866	879
338	892	905	917	930	943	956	969	982	994	*007
339	53 020	033	046	058	071	084	097	110	122	135
340	148	161	173	186	199	212	224	237	250	263
341	275	288	301	314	326	339	352	364	377	390
342	403	415	428	441	453	466	479	491	504	517
343	529	542	555	567	580	593	605	618	631	643
344	656	668	681	694	706	719	732	744	757	769
345	782	794	807	820	832	845	857	870	882	895
346	908	920	933	945	958	970	983	995	*008	*020
347	54 033	045	058	070	083	095	108	120	133	145
348	158	170	183	195	208	220	233	245	258	270
349	283	295	307	320	332	345	357	370	382	394
350	407	419	432	444	456	469	481	494	506	518
N	0	1	2	3	4	5	6	7	8	9

P P

	15
1	1,5
2	3,0
3	4,5
4	6,0
5	7,5
6	9,0
7	10,5
8	12,0
9	13,5

	14
1	1,4
2	2,8
3	4,2
4	5,6
5	7,0
6	8,4
7	9,8
8	11,2
9	12,6

	13
1	1,3
2	2,6
3	3,9
4	5,2
5	6,5
6	7,8
7	9,1
8	10,4
9	11,7

	12
1	1,2
2	2,4
3	3,6
4	4,8
5	6,0
6	7,2
7	8,4
8	9,6
9	10,8

P P

350—400

N	0	1	2	3	4	5	6	7	8	9
350	54 407	419	432	444	456	469	481	494	506	518
351	531	543	555	568	580	593	605	617	630	642
352	654	667	679	691	704	716	728	741	753	765
353	777	790	802	814	827	839	851	864	876	888
354	900	913	925	937	949	962	974	986	998	*011
355	55 023	035	047	060	072	084	096	108	121	133
356	145	157	169	182	194	206	218	230	242	255
357	267	279	291	303	315	328	340	352	364	376
358	388	400	413	425	437	449	461	473	485	497
359	509	522	534	546	558	570	582	594	606	618
360	630	642	654	666	678	691	703	715	727	739
361	751	763	775	787	799	811	823	835	847	859
362	871	883	895	907	919	931	943	955	967	979
363	991	*003	*015	*027	*038	*050	*062	*074	*086	*098
364	56 110	122	134	146	158	170	182	194	205	217
365	229	241	253	265	277	289	301	312	324	336
366	348	360	372	384	396	407	419	431	443	455
367	467	478	490	502	514	526	538	549	561	573
368	585	597	608	620	632	644	656	667	679	691
369	703	714	726	738	750	761	773	785	797	808
370	820	832	844	855	867	879	891	902	914	926
371	937	949	961	972	984	996	*008	*019	*031	*043
372	57 054	066	078	089	101	113	124	136	148	159
373	171	183	194	206	217	229	241	252	264	276
374	287	299	310	322	334	345	357	368	380	392
375	403	415	426	438	449	461	473	484	496	507
376	519	530	542	553	565	576	588	600	611	623
377	634	646	657	669	680	692	703	715	726	738
378	749	761	772	784	795	807	818	830	841	852
379	864	875	887	898	910	921	933	944	955	967
380	978	990	*001	*013	*024	*035	*047	*058	*070	*081
381	58 092	104	115	127	138	149	161	172	184	195
382	206	218	229	240	252	263	274	286	297	309
383	320	331	343	354	365	377	388	399	410	422
384	433	444	456	467	478	490	501	512	524	535
385	546	557	569	580	591	602	614	625	636	647
386	659	670	681	692	704	715	726	737	749	760
387	771	782	794	805	816	827	838	850	861	872
388	883	894	906	917	928	939	950	961	973	984
389	995	*006	*017	*028	*040	*051	*062	*073	*084	*095
390	59 106	118	129	140	151	162	173	184	195	207
391	218	229	240	251	262	273	284	295	306	318
392	329	340	351	362	373	384	395	406	417	428
393	439	450	461	472	483	494	506	517	528	539
394	550	561	572	583	594	605	616	627	638	649
395	660	671	682	693	704	715	726	737	748	759
396	770	780	791	802	813	824	835	846	857	868
397	879	890	901	912	923	934	945	956	966	977
398	988	999	*010	*021	*032	*043	*054	*065	*076	*086
399	60 097	108	119	130	141	152	163	173	184	195
400	206	217	228	239	249	260	271	282	293	304
N	0	1	2	3	4	5	6	7	8	9

P P

	13	12	11	10
1	1,3	1,2	1,1	1,0
2	2,6	2,4	2,2	2,0
3	3,9	3,6	3,3	3,0
4	5,2	4,8	4,4	4,0
5	6,5	6,0	5,5	5,0
6	7,8	7,2	6,6	6,0
7	9,1	8,4	7,7	7,0
8	10,4	9,6	8,8	8,0
9	11,7	10,8	9,9	9,0

3
47 712
60 304

400—450

4
60 206
69 975

N	0	1	2	3	4	5	6	7	8	9
400	60 206	217	228	239	249	260	271	282	293	304
401	314	325	336	347	358	369	379	390	401	412
402	423	433	444	455	466	477	487	498	509	520
403	531	541	552	563	574	584	595	606	617	627
404	638	649	660	670	681	692	703	713	724	735
405	746	756	767	778	788	799	810	821	831	842
406	853	863	874	885	895	906	917	927	938	949
407	959	970	981	991	*002	*013	*023	*034	*045	*055
408	61 066	077	087	098	109	119	130	140	151	162
409	172	183	194	204	215	225	236	247	257	268
410	278	289	300	310	321	331	342	352	363	374
411	384	395	405	416	426	437	448	458	469	479
412	490	500	511	521	532	542	553	563	574	584
413	595	606	616	627	637	648	658	669	679	690
414	700	711	721	731	742	752	763	773	784	794
415	805	815	826	836	847	857	868	878	888	899
416	909	920	930	941	951	962	972	982	993	*003
417	62 014	024	034	045	055	066	076	086	097	107
418	118	128	138	149	159	170	180	190	201	211
419	221	232	242	252	263	273	284	294	304	315
420	325	335	346	356	366	377	387	397	408	418
421	428	439	449	459	469	480	490	500	511	521
422	531	542	552	562	572	583	593	603	613	624
423	634	644	655	665	675	685	696	706	716	726
424	737	747	757	767	778	788	798	808	818	829
425	839	849	859	870	880	890	900	910	921	931
426	941	951	961	972	982	992	*002	*012	*022	*033
427	63 043	053	063	073	083	094	104	114	124	134
428	144	155	165	175	185	195	205	215	225	236
429	246	256	266	276	286	296	306	317	327	337
430	347	357	367	377	387	397	407	417	428	438
431	448	458	468	478	488	498	508	518	528	538
432	548	558	568	579	589	599	609	619	629	639
433	649	659	669	679	689	699	709	719	729	739
434	749	759	769	779	789	799	809	819	829	839
435	849	859	869	879	889	899	909	919	929	939
436	949	959	969	979	988	998	*008	*018	*028	*038
437	64 048	058	068	078	088	098	108	118	128	137
438	147	157	167	177	187	197	207	217	227	237
439	246	256	266	276	286	296	306	316	326	335
440	345	355	365	375	385	395	404	414	424	434
441	444	454	464	473	483	493	503	513	523	532
442	542	552	562	572	582	591	601	611	621	631
443	640	650	660	670	680	689	699	709	719	729
444	738	748	758	768	777	787	797	807	816	826
445	836	846	856	865	875	885	895	904	914	924
446	933	943	953	963	972	982	992	*002	*011	*021
447	65 031	040	050	060	070	079	089	099	108	118
448	128	137	147	157	167	176	186	196	205	215
449	225	234	244	254	263	273	283	292	302	312
450	321	331	341	350	360	369	379	389	398	408
N	0	1	2	3	4	5	6	7	8	9

P P

	11
1	1,1
2	2,2
3	3,3
4	4,4
5	5,5
6	6,6
7	7,7
8	8,8
9	9,9

	10
1	1,0
2	2,0
3	3,0
4	4,0
5	5,0
6	6,0
7	7,0
8	8,0
9	9,0

	9
1	0,9
2	1,8
3	2,7
4	3,6
5	4,5
6	5,4
7	6,3
8	7,2
9	8,1

450—500

N	0	1	2	3	4	5	6	7	8	9	P P
450	65 321	331	341	350	360	369	379	389	398	408	
451	418	427	437	447	456	466	475	485	495	504	
452	514	523	533	543	552	562	571	581	591	600	
453	610	619	629	639	648	658	667	677	686	696	
454	706	715	725	734	744	753	763	772	782	792	
455	801	811	820	830	839	849	858	868	877	887	
456	896	906	916	925	935	944	954	963	973	982	
457	992	*001	*011	*020	*030	*039	*049	*058	*068	*077	
458	66 087	096	106	115	124	134	143	153	162	172	
459	181	191	200	210	219	229	238	247	257	266	
460	276	285	295	304	314	323	332	342	351	361	
461	370	380	389	398	408	417	427	436	445	455	
462	464	474	483	492	502	511	521	530	539	549	
463	558	567	577	586	596	605	614	624	633	642	
464	652	661	671	680	689	699	708	717	727	736	
465	745	755	764	773	783	792	801	811	820	829	
466	839	848	857	867	876	885	894	904	913	922	
467	932	941	950	960	969	978	987	997	*006	*015	
468	67 025	034	043	052	062	071	080	089	099	108	
469	117	127	136	145	154	164	173	182	191	201	
470	210	219	228	237	247	256	265	274	284	293	
471	302	311	321	330	339	348	357	367	376	385	
472	394	403	413	422	431	440	449	459	468	477	
473	486	495	504	514	523	532	541	550	560	569	
474	578	587	596	605	614	624	633	642	651	660	
475	669	679	688	697	706	715	724	733	742	752	
476	761	770	779	788	797	806	815	825	834	843	
477	852	861	870	879	888	897	906	916	925	934	
478	943	952	961	970	979	988	997	*006	*015	*024	
479	68 034	043	052	061	070	079	088	097	106	115	
480	124	133	142	151	160	169	178	187	196	205	
481	215	224	233	242	251	260	269	278	287	296	
482	305	314	323	332	341	350	359	368	377	386	
483	395	404	413	422	431	440	449	458	467	476	
484	485	494	502	511	520	529	538	547	556	565	
485	574	583	592	601	610	619	628	637	646	655	
486	664	673	681	690	699	708	717	726	735	744	
487	753	762	771	780	789	797	806	815	824	833	
488	842	851	860	869	878	886	895	904	913	922	
489	931	940	949	958	966	975	984	993	*002	*011	
490	69 020	028	037	046	055	064	073	082	090	099	
491	108	117	126	135	144	152	161	170	179	188	
492	197	205	214	223	232	241	249	258	267	276	
493	285	294	302	311	320	329	338	346	355	364	
494	373	381	390	399	408	417	425	434	443	452	
495	461	469	478	487	496	504	513	522	531	539	
496	548	557	566	574	583	592	601	609	618	627	
497	636	644	653	662	671	679	688	697	705	714	
498	723	732	740	749	758	767	775	784	793	801	
499	810	819	827	836	845	854	862	871	880	888	
500	897	906	914	923	932	940	949	958	966	975	
N	0	1	2	3	4	5	6	7	8	9	P P

P P:

	10
1	1,0
2	2,0
3	3,0
4	4,0
5	5,0
6	6,0
7	7,0
8	8,0
9	9,0

	9
1	0,9
2	1,8
3	2,7
4	3,6
5	4,5
6	5,4
7	6,3
8	7,2
9	8,1

	8
1	0,8
2	1,6
3	2,4
4	3,2
5	4,0
6	4,8
7	5,6
8	6,4
9	7,2

4
60 206
69 975

500—550

5
69 897
77 880

N	0	1	2	3	4	5	6	7	8	9
500	69 897	906	914	923	932	940	949	958	966	975
501	984	992	*001	*010	*018	*027	*036	*044	*053	*062
502	70 070	079	088	096	105	114	122	131	140	148
503	157	165	174	183	191	200	209	217	226	234
504	243	252	260	269	278	286	295	303	312	321
505	329	338	346	355	364	372	381	389	398	406
506	415	424	432	441	449	458	467	475	484	492
507	501	509	518	526	535	544	552	561	569	578
508	586	595	603	612	621	629	638	646	655	663
509	672	680	689	697	706	714	723	731	740	749
510	757	766	774	783	791	800	808	817	825	834
511	842	851	859	868	876	885	893	902	910	919
512	927	935	944	952	961	969	978	986	995	*003
513	71 012	020	029	037	046	054	063	071	079	088
514	096	105	113	122	130	139	147	155	164	172
515	181	189	198	206	214	223	231	240	248	257
516	265	273	282	290	299	307	315	324	332	341
517	349	357	366	374	383	391	399	408	416	425
518	433	441	450	458	466	475	483	492	500	508
519	517	525	533	542	550	559	567	575	584	592
520	600	609	617	625	634	642	650	659	667	675
521	684	692	700	709	717	725	734	742	750	759
522	767	775	784	792	800	809	817	825	834	842
523	850	858	867	875	883	892	900	908	917	925
524	933	941	950	958	966	975	983	991	999	*008
525	72 016	024	032	041	049	057	066	074	082	090
526	099	107	115	123	132	140	148	156	165	173
527	181	189	198	206	214	222	230	239	247	255
528	263	272	280	288	296	304	313	321	329	337
529	346	354	362	370	378	387	395	403	411	419
530	428	436	444	452	460	469	477	485	493	501
531	509	518	526	534	542	550	558	567	575	583
532	591	599	607	616	624	632	640	648	656	665
533	673	681	689	697	705	713	722	730	738	746
534	754	762	770	779	787	795	803	811	819	827
535	835	843	852	860	868	876	884	892	900	908
536	916	925	933	941	949	957	965	973	981	989
537	997	*006	*014	*022	*030	*038	*046	*054	*062	*070
538	73 078	086	094	102	111	119	127	135	143	151
539	159	167	175	183	191	199	207	215	223	231
540	239	247	255	263	272	280	288	296	304	312
541	320	328	336	344	352	360	368	376	384	392
542	400	408	416	424	432	440	448	456	464	472
543	480	488	496	504	512	520	528	536	544	552
544	560	568	576	584	592	600	608	616	624	632
545	640	648	656	664	672	679	687	695	703	711
546	719	727	735	743	751	759	767	775	783	791
547	799	807	815	823	830	838	846	854	862	870
548	878	886	894	902	910	918	926	933	941	949
549	957	965	973	981	989	997	*005	*013	*020	*028
550	74 036	044	052	060	068	076	084	092	099	107
N	0	1	2	3	4	5	6	7	8	9

P P

	9
1	0,9
2	1,8
3	2,7
4	3,6
5	4,5
6	5,4
7	6,3
8	7,2
9	8,1

	8
1	0,8
2	1,6
3	2,4
4	3,2
5	4,0
6	4,8
7	5,6
8	6,4
9	7,2

	7
1	0,7
2	1,4
3	2,1
4	2,8
5	3,5
6	4,2
7	4,9
8	5,6
9	6,3

550—600

N	0	1	2	3	4	5	6	7	8	9	P P
550	74 036	044	052	060	068	076	084	092	099	107	
551	115	123	131	139	147	155	162	170	178	186	
552	194	202	210	218	225	233	241	249	257	265	
553	273	280	288	296	304	312	320	327	335	343	
554	351	359	367	374	382	390	398	406	414	421	
555	429	437	445	453	461	468	476	484	492	500	
556	507	515	523	531	539	547	554	562	570	578	
557	586	593	601	609	617	624	632	640	648	656	
558	663	671	679	687	695	702	710	718	726	733	
559	741	749	757	764	772	780	788	796	803	811	
560	819	827	834	842	850	858	865	873	881	889	**8**
561	896	904	912	920	927	935	943	950	958	966	1 | 0,8
562	974	981	989	997	*005	*012	*020	*028	*035	*043	2 | 1,6
563	75 051	059	066	074	082	089	097	105	113	120	3 | 2,4
564	128	136	143	151	159	166	174	182	189	197	4 | 3,2
565	205	213	220	228	236	243	251	259	266	274	5 | 4,0
566	282	289	297	305	312	320	328	335	343	351	6 | 4,8
567	358	366	374	381	389	397	404	412	420	427	7 | 5,6
568	435	442	450	458	465	473	481	488	496	504	8 | 6,4
569	511	519	526	534	542	549	557	565	572	580	9 | 7,2
570	587	595	603	610	618	626	633	641	648	656	
571	664	671	679	686	694	702	709	717	724	732	
572	740	747	755	762	770	778	785	793	800	808	
573	815	823	831	838	846	853	861	868	876	884	
574	891	899	906	914	921	929	937	944	952	959	
575	967	974	982	989	997	*005	*012	*020	*027	*035	
576	76 042	050	057	065	072	080	087	095	103	110	
577	118	125	133	140	148	155	163	170	178	185	
578	193	200	208	215	223	230	238	245	253	260	
579	268	275	283	290	298	305	313	320	328	335	
580	343	350	358	365	373	380	388	395	403	410	**7**
581	418	425	433	440	448	455	462	470	477	485	1 | 0,7
582	492	500	507	515	522	530	537	545	552	559	2 | 1,4
583	567	574	582	589	597	604	612	619	626	634	3 | 2,1
584	641	649	656	664	671	678	686	693	701	708	4 | 2,8
585	716	723	730	738	745	753	760	768	775	782	5 | 3,5
586	790	797	805	812	819	827	834	842	849	856	6 | 4,2
587	864	871	879	886	893	901	908	916	923	930	7 | 4,9
588	938	945	953	960	967	975	982	989	997	*004	8 | 5,6
589	77 012	019	026	034	041	048	056	063	070	078	9 | 6,3
590	085	093	100	107	115	122	129	137	144	151	
591	159	166	173	181	188	195	203	210	217	225	
592	232	240	247	254	262	269	276	283	291	298	
593	305	313	320	327	335	342	349	357	364	371	
594	379	386	393	401	408	415	422	430	437	444	
595	452	459	466	474	481	488	495	503	510	517	
596	525	532	539	546	554	561	568	576	583	590	
597	597	605	612	619	627	634	641	648	656	663	
598	670	677	685	692	699	706	714	721	728	735	
599	743	750	757	764	772	779	786	793	801	808	
600	815	822	830	837	844	851	859	866	873	880	
N	0	1	2	3	4	5	6	7	8	9	P P

5
69 897
77 880

600—650

N	0	1	2	3	4	5	6	7	8	9
600	77 815	822	830	837	844	851	859	866	873	880
601	887	895	902	909	916	924	931	938	945	952
602	960	967	974	981	988	996	*003	*010	*017	*025
603	78 032	039	046	053	061	068	075	082	089	097
604	104	111	118	125	132	140	147	154	161	168
605	176	183	190	197	204	211	219	226	233	240
606	247	254	262	269	276	283	290	297	305	312
607	319	326	333	340	347	355	362	369	376	383
608	390	398	405	412	419	426	433	440	447	455
609	462	469	476	483	490	497	504	512	519	526
610	533	540	547	554	561	569	576	583	590	597
611	604	611	618	625	633	640	647	654	661	668
612	675	682	689	696	704	711	718	725	732	739
613	746	753	760	767	774	781	789	796	803	810
614	817	824	831	838	845	852	859	866	873	880
615	888	895	902	909	916	923	930	937	944	951
616	958	965	972	979	986	993	*000	*007	*014	*021
617	79 029	036	043	050	057	064	071	078	085	092
618	099	106	113	120	127	134	141	148	155	162
619	169	176	183	190	197	204	211	218	225	232
620	239	246	253	260	267	274	281	288	295	302
621	309	316	323	330	337	344	351	358	365	372
622	379	386	393	400	407	414	421	428	435	442
623	449	456	463	470	477	484	491	498	505	511
624	518	525	532	539	546	553	560	567	574	581
625	588	595	602	609	616	623	630	637	644	650
626	657	664	671	678	685	692	699	706	713	720
627	727	734	741	748	754	761	768	775	782	789
628	796	803	810	817	824	831	837	844	851	858
629	865	872	879	886	893	900	906	913	920	927
630	934	941	948	955	962	969	975	982	989	996
631	80 003	010	017	024	030	037	044	051	058	065
632	072	079	085	092	099	106	113	120	127	134
633	140	147	154	161	168	175	182	188	195	202
634	209	216	223	229	236	243	250	257	264	271
635	277	284	291	298	305	312	318	325	332	339
636	346	353	359	366	373	380	387	393	400	407
637	414	421	428	434	441	448	455	462	468	475
638	482	489	496	502	509	516	523	530	536	543
639	550	557	564	570	577	584	591	598	604	611
640	618	625	632	638	645	652	659	665	672	679
641	686	693	699	706	713	720	726	733	740	747
642	754	760	767	774	781	787	794	801	808	814
643	821	828	835	841	848	855	862	868	875	882
644	889	895	902	909	916	922	929	936	943	949
645	956	963	969	976	983	990	996	*003	*010	*017
646	81 023	030	037	043	050	057	064	070	077	084
647	090	097	104	111	117	124	131	137	144	151
648	158	164	171	178	184	191	198	204	211	218
649	224	231	238	245	251	258	265	271	278	285
650	291	298	305	311	318	325	331	338	345	351
N	0	1	2	3	4	5	6	7	8	9

P P

	8
1	0,8
2	1,6
3	2,4
4	3,2
5	4,0
6	4,8
7	5,6
8	6,4
9	7,2

	7
1	0,7
2	1,4
3	2,1
4	2,8
5	3,5
6	4,2
7	4,9
8	5,6
9	6,3

	6
1	0,6
2	1,2
3	1,8
4	2,4
5	3,0
6	3,6
7	4,2
8	4,8
9	5,4

6
77 815
84 566

650—700

N	0	1	2	3	4	5	6	7	8	9	P P
650	81 291	298	305	311	318	325	331	338	345	351	
651	358	365	371	378	385	391	398	405	411	418	
652	425	431	438	445	451	458	465	471	478	485	
653	491	498	505	511	518	525	531	538	544	551	
654	558	564	571	578	584	591	598	604	611	617	
655	624	631	637	644	651	657	664	671	677	684	
656	690	697	704	710	717	723	730	737	743	750	
657	757	763	770	776	783	790	796	803	809	816	
658	823	829	836	842	849	856	862	869	875	882	
659	889	895	902	908	915	921	928	935	941	948	
660	954	961	968	974	981	987	994	*000	*007	*014	7
661	82 020	027	033	040	046	053	060	066	073	079	1 | 0,7
662	086	092	099	105	112	119	125	132	138	145	2 | 1,4
663	151	158	164	171	178	184	191	197	204	210	3 | 2,1
664	217	223	230	236	243	249	256	263	269	276	4 | 2,8
665	282	289	295	302	308	315	321	328	334	341	5 | 3,5
666	347	354	360	367	373	380	387	393	400	406	6 | 4,2
667	413	419	426	432	439	445	452	458	465	471	7 | 4,9
668	478	484	491	497	504	510	517	523	530	536	8 | 5,6
669	543	549	556	562	569	575	582	588	595	601	9 | 6,3
670	607	614	620	627	633	640	646	653	659	666	
671	672	679	685	692	698	705	711	718	724	730	
672	737	743	750	756	763	769	776	782	789	795	
673	802	808	814	821	827	834	840	847	853	860	
674	866	872	879	885	892	898	905	911	918	924	
675	930	937	943	950	956	963	969	975	982	988	
676	995	*001	*008	*014	*020	*027	*033	*040	*046	*052	
677	83 059	065	072	078	085	091	097	104	110	117	
678	123	129	136	142	149	155	161	168	174	181	
679	187	193	200	206	213	219	225	232	238	245	
680	251	257	264	270	276	283	289	296	302	308	6
681	315	321	327	334	340	347	353	359	366	372	1 | 0,6
682	378	385	391	398	404	410	417	423	429	436	2 | 1,2
683	442	448	455	461	467	474	480	487	493	499	3 | 1,8
684	506	512	518	525	531	537	544	550	556	563	4 | 2,4
685	569	575	582	588	594	601	607	613	620	626	5 | 3,0
686	632	639	645	651	658	664	670	677	683	689	6 | 3,6
687	696	702	708	715	721	727	734	740	746	753	7 | 4,2
688	759	765	771	778	784	790	797	803	809	816	8 | 4,8
689	822	828	835	841	847	853	860	866	872	879	9 | 5,4
690	885	891	897	904	910	916	923	929	935	942	
691	948	954	960	967	973	979	985	992	998	*004	
692	84 011	017	023	029	036	042	048	055	061	067	
693	073	080	086	092	098	105	111	117	123	130	
694	136	142	148	155	161	167	173	180	186	192	
695	198	205	211	217	223	230	236	242	248	255	
696	261	267	273	280	286	292	298	305	311	317	
697	323	330	336	342	348	354	361	367	373	379	
698	386	392	398	404	410	417	423	429	435	442	
699	448	454	460	466	473	479	485	491	497	504	
700	510	516	522	528	535	541	547	553	559	566	
N	0	1	2	3	4	5	6	7	8	9	P P

6
77 815
84 566

700—750

N	0	1	2	3	4	5	6	7	8	9
700	84 510	516	522	528	535	541	547	553	559	566
701	572	578	584	590	597	603	609	615	621	628
702	634	640	646	652	658	665	671	677	683	689
703	696	702	708	714	720	726	733	739	745	751
704	757	763	770	776	782	788	794	800	807	813
705	819	825	831	837	844	850	856	862	868	874
706	880	887	893	899	905	911	917	924	930	936
707	942	948	954	960	967	973	979	985	991	997
708	85 003	009	016	022	028	034	040	046	052	058
709	065	071	077	083	089	095	101	107	114	120
710	126	132	138	144	150	156	163	169	175	181
711	187	193	199	205	211	217	224	230	236	242
712	248	254	260	266	272	278	285	291	297	303
713	309	315	321	327	333	339	345	352	358	364
714	370	376	382	388	394	400	406	412	418	425
715	431	437	443	449	455	461	467	473	479	485
716	491	497	503	509	516	522	528	534	540	546
717	552	558	564	570	576	582	588	594	600	606
718	612	618	625	631	637	643	649	655	661	667
719	673	679	685	691	697	703	709	715	721	727
720	733	739	745	751	757	763	769	775	781	788
721	794	800	806	812	818	824	830	836	842	848
722	854	860	866	872	878	884	890	896	902	908
723	914	920	926	932	938	944	950	956	962	968
724	974	980	986	992	998	*004	*010	*016	*022	*028
725	86 034	040	046	052	058	064	070	076	082	088
726	094	100	106	112	118	124	130	136	141	147
727	153	159	165	171	177	183	189	195	201	207
728	213	219	225	231	237	243	249	255	261	267
729	273	279	285	291	297	303	308	314	320	326
730	332	338	344	350	356	362	368	374	380	386
731	392	398	404	410	415	421	427	433	439	445
732	451	457	463	469	475	481	487	493	499	504
733	510	516	522	528	534	540	546	552	558	564
734	570	576	581	587	593	599	605	611	617	623
735	629	635	641	646	652	658	664	670	676	682
736	688	694	700	705	711	717	723	729	735	741
737	747	753	759	764	770	776	782	788	794	800
738	806	812	817	823	829	835	841	847	853	859
739	864	870	876	882	888	894	900	906	911	917
740	923	929	935	941	947	953	958	964	970	976
741	982	988	994	999	*005	*011	*017	*023	*029	*035
742	87 040	046	052	058	064	070	075	081	087	093
743	099	105	111	116	122	128	134	140	146	151
744	157	163	169	175	181	186	192	198	204	210
745	216	221	227	233	239	245	251	256	262	268
746	274	280	286	291	297	303	309	315	320	326
747	332	338	344	349	355	361	367	373	379	384
748	390	396	402	408	413	419	425	431	437	442
749	448	454	460	466	471	477	483	489	495	500
750	506	512	518	523	529	535	541	547	552	558
N	0	1	2	3	4	5	6	7	8	9

P P

	7
1	0,7
2	1,4
3	2,1
4	2,8
5	3,5
6	4,2
7	4,9
8	5,6
9	6,3

	6
1	0,6
2	1,2
3	1,8
4	2,4
5	3,0
6	3,6
7	4,2
8	4,8
9	5,4

	5
1	0,5
2	1,0
3	1,5
4	2,0
5	2,5
6	3,0
7	3,5
8	4,0
9	4,5

7
84 510
90 358

750—800

N	0	1	2	3	4	5	6	7	8	9	P P
750	37 506	512	518	523	529	535	541	547	552	558	
751	564	570	576	581	587	593	599	604	610	616	
752	622	628	633	639	645	651	656	662	668	674	
753	679	685	691	697	703	708	714	720	726	731	
754	737	743	749	754	760	766	772	777	783	789	
755	795	800	806	812	818	823	829	835	841	846	
756	852	858	864	869	875	881	887	892	898	904	
757	910	915	921	927	933	938	944	950	955	961	
758	967	973	978	984	990	996	*001	*007	*013	*018	
759	88 024	030	036	041	047	053	058	064	070	076	
760	081	087	093	098	104	110	116	121	127	133	6
761	138	144	150	156	161	167	173	178	184	190	1 | 0,6
762	195	201	207	213	218	224	230	235	241	247	2 | 1,2
763	252	258	264	270	275	281	287	292	298	304	3 | 1,8
764	309	315	321	326	332	338	343	349	355	360	4 | 2,4
765	366	372	377	383	389	395	400	406	412	417	5 | 3,0
766	423	429	434	440	446	451	457	463	468	474	6 | 3,6
767	480	485	491	497	502	508	513	519	525	530	7 | 4,2
768	536	542	547	553	559	564	570	576	581	587	8 | 4,8
769	593	598	604	610	615	621	627	632	638	643	9 | 5,4
770	649	655	660	666	672	677	683	689	694	700	
771	705	711	717	722	728	734	739	745	750	756	
772	762	767	773	779	784	790	795	801	807	812	
773	818	824	829	835	840	846	852	857	863	868	
774	874	880	885	891	897	902	908	913	919	925	
775	930	936	941	947	953	958	964	969	975	981	
776	986	992	997	*003	*009	*014	*020	*025	*031	*037	
777	89 042	048	053	059	064	070	076	081	087	092	
778	098	104	109	115	120	126	131	137	143	148	
779	154	159	165	170	176	182	187	193	198	204	
780	209	215	221	226	232	237	243	248	254	260	5
781	265	271	276	282	287	293	298	304	310	315	1 | 0,5
782	321	326	332	337	343	348	354	360	365	371	2 | 1,0
783	376	382	387	393	398	404	409	415	421	426	3 | 1,5
784	432	437	443	448	454	459	465	470	476	481	4 | 2,0
785	487	492	498	504	509	515	520	526	531	537	5 | 2,5
786	542	548	553	559	564	570	575	581	586	592	6 | 3,0
787	597	603	609	614	620	625	631	636	642	647	7 | 3,5
788	653	658	664	669	675	680	686	691	697	702	8 | 4,0
789	708	713	719	724	730	735	741	746	752	757	9 | 4,5
790	763	768	774	779	785	790	796	801	807	812	
791	818	823	829	834	840	845	851	856	862	867	
792	873	878	883	889	894	900	905	911	916	922	
793	927	933	938	944	949	955	960	966	971	977	
794	982	988	993	998	*004	*009	*015	*020	*026	*031	
795	90 037	042	048	053	059	064	069	075	080	086	
796	091	097	102	108	113	119	124	129	135	140	
797	146	151	157	162	168	173	179	184	189	195	
798	200	206	211	217	222	227	233	238	244	249	
799	255	260	266	271	276	282	287	293	298	304	
800	309	314	320	325	331	336	342	347	352	358	
N	0	1	2	3	4	5	6	7	8	9	P P

7
84 510
90 358

800—850

N	0	1	2	3	4	5	6	7	8	9
800	90 309	314	320	325	331	336	342	347	352	358
801	363	369	374	380	385	390	396	401	407	412
802	417	423	428	434	439	445	450	455	461	466
803	472	477	482	488	493	499	504	509	515	520
804	526	531	536	542	547	553	558	563	569	574
805	580	585	590	596	601	607	612	617	623	628
806	634	639	644	650	655	660	666	671	677	682
807	687	693	698	703	709	714	720	725	730	736
808	741	747	752	757	763	768	773	779	784	789
809	795	800	806	811	816	822	827	832	838	843
810	849	854	859	865	870	875	881	886	891	897
811	902	907	913	918	924	929	934	940	945	950
812	956	961	966	972	977	982	988	993	998	*004
813	91 009	014	020	025	030	036	041	046	052	057
814	062	068	073	078	084	089	094	100	105	110
815	116	121	126	132	137	142	148	153	158	164
816	169	174	180	185	190	196	201	206	212	217
817	222	228	233	238	243	249	254	259	265	270
818	275	281	286	291	297	302	307	312	318	323
819	328	334	339	344	350	355	360	365	371	376
820	381	387	392	397	403	408	413	418	424	429
821	434	440	445	450	455	461	466	471	477	482
822	487	492	498	503	508	514	519	524	529	535
823	540	545	551	556	561	566	572	577	582	587
824	593	598	603	609	614	619	624	630	635	640
825	645	651	656	661	666	672	677	682	687	693
826	698	703	709	714	719	724	730	735	740	745
827	751	756	761	766	772	777	782	787	793	798
828	803	808	814	819	824	829	834	840	845	850
829	855	861	866	871	876	882	887	892	897	903
830	908	913	918	924	929	934	939	944	950	955
831	960	965	971	976	981	986	991	997	*002	*007
832	92 012	018	023	028	033	038	044	049	054	059
833	065	070	075	080	085	091	096	101	106	111
834	117	122	127	132	137	143	148	153	158	163
835	169	174	179	184	189	195	200	205	210	215
836	221	226	231	236	241	247	252	257	262	267
837	273	278	283	288	293	298	304	309	314	319
838	324	330	335	340	345	350	355	361	366	371
839	376	381	387	392	397	402	407	412	418	423
840	428	433	438	443	449	454	459	464	469	474
841	480	485	490	495	500	505	511	516	521	526
842	531	536	542	547	552	557	562	567	572	578
843	583	588	593	598	603	609	614	619	624	629
844	634	639	645	650	655	660	665	670	675	681
845	686	691	696	701	706	711	716	722	727	732
846	737	742	747	752	758	763	768	773	778	783
847	788	793	799	804	809	814	819	824	829	834
848	840	845	850	855	860	865	870	875	881	886
849	891	896	901	906	911	916	921	927	932	937
850	942	947	952	957	962	967	973	978	983	988
N	0	1	2	3	4	5	6	7	8	9

P P

	6
1	0,6
2	1,2
3	1,8
4	2,4
5	3,0
6	3,6
7	4,2
8	4,8
9	5,4

	5
1	0,5
2	1,0
3	1,5
4	2,0
5	2,5
6	3,0
7	3,5
8	4,0
9	4,5

P P

8
90 309
95 468

850—900

N	0	1	2	3	4	5	6	7	8	9
850	92 942	947	952	957	962	967	973	978	983	988
851	993	998	*003	*008	*013	*018	*024	*029	*034	*039
852	93 044	049	054	059	064	069	075	080	085	090
853	095	100	105	110	115	120	125	131	136	141
854	146	151	156	161	166	171	176	181	186	192
855	197	202	207	212	217	222	227	232	237	242
856	247	252	258	263	268	273	278	283	288	293
857	298	303	308	313	318	323	328	334	339	344
858	349	354	359	364	369	374	379	384	389	394
859	399	404	409	414	420	425	430	435	440	445
860	450	455	460	465	470	475	480	485	490	495
861	500	505	510	515	520	526	531	536	541	546
862	551	556	561	566	571	576	581	586	591	596
863	601	606	611	616	621	626	631	636	641	646
864	651	656	661	666	671	676	682	687	692	697
865	702	707	712	717	722	727	732	737	742	747
866	752	757	762	767	772	777	782	787	792	797
867	802	807	812	817	822	827	832	837	842	847
868	852	857	862	867	872	877	882	887	892	897
869	902	907	912	917	922	927	932	937	942	947
870	952	957	962	967	972	977	982	987	992	997
871	94 002	007	012	017	022	027	032	037	042	047
872	052	057	062	067	072	077	082	086	091	096
873	101	106	111	116	121	126	131	136	141	146
874	151	156	161	166	171	176	181	186	191	196
875	201	206	211	216	221	226	231	236	240	245
876	250	255	260	265	270	275	280	285	290	295
877	300	305	310	315	320	325	330	335	340	345
878	349	354	359	364	369	374	379	384	389	394
879	399	404	409	414	419	424	429	433	438	443
880	448	453	458	463	468	473	478	483	488	493
881	498	503	507	512	517	522	527	532	537	542
882	547	552	557	562	567	571	576	581	586	591
883	596	601	606	611	616	621	626	630	635	640
884	645	650	655	660	665	670	675	680	685	689
885	694	699	704	709	714	719	724	729	734	738
886	743	748	753	758	763	768	773	778	783	787
887	792	797	802	807	812	817	822	827	832	836
888	841	846	851	856	861	866	871	876	880	885
889	890	895	900	905	910	915	919	924	929	934
890	939	944	949	954	959	963	968	973	978	983
891	988	993	998	*002	*007	*012	*017	*022	*027	*032
892	95 036	041	046	051	056	061	066	071	075	080
893	085	090	095	100	105	109	114	119	124	129
894	134	139	143	148	153	158	163	168	173	177
895	182	187	192	197	202	207	211	216	221	226
896	231	236	240	245	250	255	260	265	270	274
897	279	284	289	294	299	303	308	313	318	323
898	328	332	337	342	347	352	357	361	366	371
899	376	381	386	390	395	400	405	410	415	419
900	424	429	434	439	444	448	453	458	463	468
N	0	1	2	3	4	5	6	7	8	9

P P

	6
1	0,6
2	1,2
3	1,8
4	2,4
5	3,0
6	3,6
7	4,2
8	4,8
9	5,4

	5
1	0,5
2	1,0
3	1,5
4	2,0
5	2,5
6	3,0
7	3,5
8	4,0
9	4,5

	4
1	0,4
2	0,8
3	1,2
4	1,6
5	2,0
6	2,4
7	2,8
8	3,2
9	3,6

8
90 309
95 468

900—950

N	0	1	2	3	4	5	6	7	8	9	P P
900	95 424	429	434	439	444	448	453	458	463	468	
901	472	477	482	487	492	497	501	506	511	516	
902	521	525	530	535	540	545	550	554	559	564	
903	569	574	578	583	588	593	598	602	607	612	
904	617	622	626	631	636	641	646	650	655	660	
905	665	670	674	679	684	689	694	698	703	708	
906	713	718	722	727	732	737	742	746	751	756	
907	761	766	770	775	780	785	789	794	799	804	
908	809	813	818	823	828	832	837	842	847	852	
909	856	861	866	871	875	880	885	890	895	899	
910	904	909	914	918	923	928	933	938	942	947	
911	952	957	961	966	971	976	980	985	990	995	**5**
912	999	*004	*009	*014	*019	*023	*028	*033	*038	*042	1 0,5
913	96 047	052	057	061	066	071	076	080	085	090	2 1,0
914	095	099	104	109	114	118	123	128	133	137	3 1,5
915	142	147	152	156	161	166	171	175	180	185	4 2,0
916	190	194	199	204	209	213	218	223	227	232	5 2,5
917	237	242	246	251	256	261	265	270	275	280	6 3,0
918	284	289	294	298	303	308	313	317	322	327	7 3,5
919	332	336	341	346	350	355	360	365	369	374	8 4,0
920	379	384	388	393	398	402	407	412	417	421	9 4,5
921	426	431	435	440	445	450	454	459	464	468	
922	473	478	483	487	492	497	501	506	511	515	
923	520	525	530	534	539	544	548	553	558	562	
924	567	572	577	581	586	591	595	600	605	609	
925	614	619	624	628	633	638	642	647	652	656	
926	661	666	670	675	680	685	689	694	699	703	
927	708	713	717	722	727	731	736	741	745	750	
928	755	759	764	769	774	778	783	788	792	797	
929	802	806	811	816	820	825	830	834	839	844	
930	848	853	858	862	867	872	876	881	886	890	**4**
931	895	900	904	909	914	918	923	928	932	937	1 0,4
932	942	946	951	956	960	965	970	974	979	984	2 0,8
933	988	993	997	*002	*007	*011	*016	*021	*025	*030	3 1,2
934	97 035	039	044	049	053	058	063	067	072	077	4 1,6
935	081	086	090	095	100	104	109	114	118	123	5 2,0
936	128	132	137	142	146	151	155	160	165	169	6 2,4
937	174	179	183	188	192	197	202	206	211	216	7 2,8
938	220	225	230	234	239	243	248	253	257	262	8 3,2
939	267	271	276	280	285	290	294	299	304	308	9 3,6
940	313	317	322	327	331	336	340	345	350	354	
941	359	364	368	373	377	382	387	391	396	400	
942	405	410	414	419	424	428	433	437	442	447	
943	451	456	460	465	470	474	479	483	488	493	
944	497	502	506	511	516	520	525	529	534	539	
945	543	548	552	557	562	566	571	575	580	585	
946	589	594	598	603	607	612	617	621	626	630	
947	635	640	644	649	653	658	663	667	672	676	
948	681	685	690	695	699	704	708	713	717	722	
949	727	731	736	740	745	749	754	759	763	768	
950	772	777	782	786	791	795	800	804	809	813	
N	0	1	2	3	4	5	6	7	8	9	P P

9
95 424
00 039

950—1000

N	0	1	2	3	4	5	6	7	8	9
950	97 772	777	782	786	791	795	800	804	809	813
951	818	823	827	832	836	841	845	850	855	859
952	864	868	873	877	882	886	891	896	900	905
953	909	914	918	923	928	932	937	941	946	950
954	955	959	964	968	973	978	982	987	991	996
955	98 000	005	009	014	019	023	028	032	037	041
956	046	050	055	059	064	068	073	078	082	087
957	091	096	100	105	109	114	118	123	127	132
958	137	141	146	150	155	159	164	168	173	177
959	182	186	191	195	200	204	209	214	218	223
960	227	232	236	241	245	250	254	259	263	268
961	272	277	281	286	290	295	299	304	308	313
962	318	322	327	331	336	340	345	349	354	358
963	363	367	372	376	381	385	390	394	399	403
964	408	412	417	421	426	430	435	439	444	448
965	453	457	462	466	471	475	480	484	489	493
966	498	502	507	511	516	520	525	529	534	538
967	543	547	552	556	561	565	570	574	579	583
968	588	592	597	601	605	610	614	619	623	628
969	632	637	641	646	650	655	659	664	668	673
970	677	682	686	691	695	700	704	709	713	717
971	722	726	731	735	740	744	749	753	758	762
972	767	771	776	780	784	789	793	798	802	807
973	811	816	820	825	829	834	838	843	847	851
974	856	860	865	869	874	878	883	887	892	896
975	900	905	909	914	918	923	927	932	936	941
976	945	949	954	958	963	967	972	976	981	985
977	989	994	998	*003	*007	*012	*016	*021	*025	*029
978	99 034	038	043	047	052	056	061	065	069	074
979	078	083	087	092	096	100	105	109	114	118
980	123	127	131	136	140	145	149	154	158	162
981	167	171	176	180	185	189	193	198	202	207
982	211	216	220	224	229	233	238	242	247	251
983	255	260	264	269	273	277	282	286	291	295
984	300	304	308	313	317	322	326	330	335	339
985	344	348	352	357	361	366	370	374	379	383
986	388	392	396	401	405	410	414	419	423	427
987	432	436	441	445	449	454	458	463	467	471
988	476	480	484	489	493	498	502	506	511	515
989	520	524	528	533	537	542	546	550	555	559
990	564	568	572	577	581	585	590	594	599	603
991	607	612	616	621	625	629	634	638	642	647
992	651	656	660	664	669	673	677	682	686	691
993	695	699	704	708	712	717	721	726	730	734
994	739	743	747	752	756	760	765	769	774	778
995	782	787	791	795	800	804	808	813	817	822
996	826	830	835	839	843	848	852	856	861	865
997	870	874	878	883	887	891	896	900	904	909
998	913	917	922	926	930	935	939	944	948	952
999	957	961	965	970	974	978	983	987	991	996
1000	00 000	004	009	013	017	022	026	030	035	039
N	0	1	2	3	4	5	6	7	8	9

P P

	5
1	0,5
2	1,0
3	1,5
4	2,0
5	2,5
6	3,0
7	3,5
8	4,0
9	4,5

	4
1	0,4
2	0,8
3	1,2
4	1,6
5	2,0
6	2,4
7	2,8
8	3,2
9	3,6

P P

9
95 424
00 039

Die natürlichen Logarithmen der Zahlen von 1 bis 100

N	ln	N	ln	N	ln	N	ln	N	ln
0	$-\infty$	**20**	2. 99 573	**40**	3. 68 888	**60**	4. 09 434	**80**	4. 38 203
1	0. 00 000	21	3. 04 452	41	3. 71 357	61	4. 11 087	81	4. 39 445
2	0. 69 315	22	3. 09 104	43	3. 73 767	62	4. 12 713	82	4. 40 672
3	1. 09 861	23	3. 13 549	43	3. 76 120	63	4. 14 313	83	4. 41 884
4	1. 38 629	24	3. 17 805	44	3. 78 419	64	4. 15 888	84	4. 43 082
5	1. 60 944	25	3. 21 888	45	3. 80 666	65	4. 17 439	85	4. 44 265
6	1. 79 176	26	3. 25 810	46	3. 82 864	66	4. 18 965	86	4. 45 435
7	1. 94 591	27	3. 29 584	47	3. 85 015	67	4. 20 469	87	4. 46 591
8	2. 07 944	28	3. 33 220	48	3. 87 120	68	4. 21 951	88	4. 47 734
9	2. 19 722	29	3. 36 730	49	3. 89 182	69	4. 23 411	89	4. 48 864
10	2. 30 259	**30**	3. 40 120	**50**	3. 91 202	**70**	4. 24 850	**90**	4. 49 981
11	2. 39 790	31	3. 43 399	51	3. 93 183	71	4. 26 268	91	4. 51 086
12	2. 48 491	32	3. 46 574	52	3. 95 124	72	4. 27 667	92	4. 52 179
13	2. 56 495	33	3. 49 651	53	3. 97 029	73	4. 29 046	93	4. 53 260
14	2. 63 906	34	3. 52 636	54	3. 98 898	74	4. 30 407	94	4. 54 329
15	2. 70 805	35	3. 55 535	55	4. 00 733	75	4. 31 749	95	4. 55 388
16	2. 77 259	36	3. 58 352	56	4. 02 535	76	4. 33 073	96	4. 56 435
17	2. 83 321	37	3. 61 092	57	4. 04 305	77	4. 34 381	97	4. 57 471
18	2. 89 037	38	3. 63 759	58	4. 06 044	78	4. 35 671	98	4. 58 497
19	2. 94 444	39	3. 66 356	59	4. 07 754	79	4. 36 945	99	4. 59 512
20	2. 99 573	**40**	3. 68 888	**60**	4. 09 434	**80**	4. 38 203	**100**	4. 60 517

$\pi = 3.14\,159\,265$

$\lg \pi = 0.49\,714\,987$

$\ln \pi = 1.14\,472\,989$

$\frac{4}{3}\pi = 4.18\,879\,020$

$\frac{\pi}{12} = 0.26\,179\,939$

$\frac{1}{\pi} = 0.31\,830\,989$

$\sqrt{2} = 1.41\,421\,356$

$\sqrt{\frac{1}{2}} = 0.70\,710\,678$

$\pi\sqrt{2} = 4.44\,288\,294$

$\pi\sqrt{\frac{1}{2}} = 2.22\,144\,147$

$\frac{1}{\pi}\sqrt{2} = 0.45\,015\,816$

$\frac{1}{\pi}\sqrt{\frac{1}{2}} = 0.22\,507\,908$

$e = 2.71\,828\,183$

$e^2 = 7.38\,905\,610$

$e^{0.1} = 1.10\,517\,092$

$e^{0.2} = 1.22\,140\,276$

$\lg e = 0.43\,429\,448$

$\sqrt{\pi} = 1.77\,245\,385$

$\sqrt{\frac{1}{\pi}} = 0.56\,418\,958$

$\pi^2 = 9.86\,960\,440$

$\frac{1}{\pi^2} = 0.\,10.132\,118$

$\sqrt[3]{\frac{\pi}{6}} = 0.80\,599\,598$

$\sqrt[3]{\frac{6}{\pi}} = 1.24\,070\,098$

9
95 424
00 039

Die Logarithmen
der
Kreisfunktionen
von Minute zu Minute

Vermerk

Die Werte 5,00 . . . . bis 5,49 . . . . sind abgerundet auf 5, geschrieben $\dot{5}$.

„ „ 4,50 . . . . bis 4,99 . . . . sind aufgerundet auf 5, geschrieben $\bar{5}$.

Den Werten von lg sin a im Bereich $a = 0^0$ bis $a = 89^0\,43$,
lg cos a im Bereich $a = 0^0\,17'$ bis $a = 90^0$
lg tg a im Bereich $a = 0^0$ bis $a = 44^0\,59$,
lg ctg a im Bereich $a = 45^0\,1'$ bis $a = 90^0$
ist — 10 anzuhängen.

0°

′	lg sin	d	lg tg	d c	lg ctg	lg cos	′
0	—		—		—	0.00 000	60
1	6.46 373	30103	6.46 373	30103	3.53 627	0.00 000	59
2	6.76 476	17609	6.76 476	17609	3.23 524	0.00 000	58
3	6.94 085	12494	6.94 085	12494	3.05 915	0.00 000	57
4	7.06 579	9691	7.06 579	9691	2.93 421	0.00 000	56
5	7.16 270	7918	7.16 270	7918	2.83 730	0.00 000	55
6	7.24 188	6694	7.24 188	6694	2.75 812	0.00 000	54
7	7.30 882	5800	7.30 882	5800	2.69 118	0.00 000	53
8	7.36 682	5115	7.36 682	5115	2.63 318	0.00 000	52
9	7.41 797	4576	7.41 797	4576	2.58 203	0.00 000	51
10	7.46 373	4139	7.46 373	4139	2.53 627	0.00 000	50
11	7.50 512	3779	7.50 512	3779	2.49 488	0.00 000	49
12	7.54 291	3476	7.54 291	3476	2.45 709	0.00 000	48
13	7.57 767	3218	7.57 767	3219	2.42 233	0.00 000	47
14	7.60 985	2997	7.60 986	2996	2.39 014	0.00 000	46
15	7.63 982	2802	7.63 982	2803	2.36 018	0.00 000	45
16	7.66 784	2633	7.66 785	2633	2.33 215	0.00 000	44
17	7.69 417	2483	7.69 418	2482	2.30 582	9.99 999	43
18	7.71 900	2348	7.71 900	2348	2.28 100	9.99 999	42
19	7.74 248	2227	7.74 248	2228	2.25 752	9.99 999	41
20	7.76 475	2119	7.76 476	2119	2.23 524	9.99 999	40
21	7.78 594	2021	7.78 595	2020	2.21 405	9.99 999	39
22	7.80 615	1930	7.80 615	1931	2.19 385	9.99 999	38
23	7.82 545	1848	7.82 546	1848	2.17 454	9.99 999	37
24	7.84 393	1773	7.84 394	1773	2.15 606	9.99 999	36
25	7.86 166	1704	7.86 167	1704	2.13 833	9.99 999	35
26	7.87 870	1639	7.87 871	1639	2.12 129	9.99 999	34
27	7.89 509	1579	7.89 510	1579	2.10 490	9.99 999	33
28	7.91 088	1524	7.91 089	1524	2.08 911	9.99 999	32
29	7.92 612	1472	7.92 613	1473	2.07 387	9.99 998	31
30	7.94 084	1424	7.94 086	1424	2.05 914	9.99 998	30
31	7.95 508	1379	7.95 510	1379	2.04 490	9.99 998	29
32	7.96 887	1336	7.96 889	1336	2.03 111	9.99 998	28
33	7.98 223	1297	7.98 225	1297	2.01 775	9.99 998	27
34	7.99 520	1259	7.99 522	1259	2.00 478	9.99 998	26
35	8.00 779	1223	8.00 781	1223	1.99 219	9.99 998	25
36	8.02 002	1190	8.02 004	1190	1.97 996	9.99 998	24
37	8.03 192	1158	8.03 194	1159	1.96 806	9.99 997	23
38	8.04 350	1128	8.04 353	1128	1.95 647	9.99 997	22
39	8.05 478	1100	8.05 481	1100	1.94 519	9.99 997	21
40	8.06 578	1072	8.06 581	1072	1.93 419	9.99 997	20
41	8.07 650	1046	8.07 653	1047	1.92 347	9.99 997	19
42	8.08 696	1022	8.08 700	1022	1.91 300	9.99 997	18
43	8.09 718	999	8.09 722	998	1.90 278	9.99 997	17
44	8.10 717	976	8.10 720	976	1.89 280	9.99 996	16
45	8.11 693	954	8.11 696	955	1.88 304	9.99 996	15
46	8.12 647	934	8.12 651	934	1.87 349	9.99 996	14
47	8.13 581	914	8.13 585	915	1.86 415	9.99 996	13
48	8.14 495	896	8.14 500	895	1.85 500	9.99 996	12
49	8.15 391	877	8.15 395	878	1.84 605	9.99 996	11
50	8.16 268	860	8.16 273	860	1.83 727	9.99 995	10
51	8.17 128	843	8.17 133	843	1.82 867	9.99 995	9
52	8.17 971	827	8.17 976	828	1.82 024	9.99 995	8
53	8.18 798	812	8.18 804	812	1.81 196	9.99 995	7
54	8.19 610	797	8.19 616	797	1.80 384	9.99 995	6
55	8.20 407	782	8.20 413	782	1.79 587	9.99 994	5
56	8.21 189	769	8.21 195	769	1.78 805	9.99 994	4
57	8.21 958	755	8.21 964	756	1.78 036	9.99 994	3
58	8.22 713	743	8.22 720	742	1.77 280	9.99 994	2
59	8.23 456	730	8.23 462	730	1.76 538	9.99 994	1
60	8.24 186		8.24 192		1.75 808	9.99 993	0
′	lg cos	d	lg ctg	d c	lg tg	lg sin	′

89°

1°

′	lg sin	d	lg tg	d c	lg ctg	lg cos	′
0	8.24 186	717	8.24 192	718	1.75 808	9.99 993	60
1	8.24 903	706	8.24 910	706	1.75 090	9.99 993	59
2	8.25 609	695	8.25 616	696	1.74 384	9.99 993	58
3	8.26 304	684	8.26 312	684	1.73 688	9.99 993	57
4	8.26 988	673	8.26 996	673	1.73 004	9.99 992	56
5	8.27 661	663	8.27 669	663	1.72 331	9.99 992	55
6	8.28 324	653	8.28 332	654	1.71 668	9.99 992	54
7	8.28 977	644	8.28 986	643	1.71 014	9.99 992	53
8	8.29 621	634	8.29 629	634	1.70 371	9.99 992	52
9	8.30 255	624	8.30 263	625	1.69 737	9.99 991	51
10	8.30 879	616	8.30 888	617	1.69 112	9.99 991	50
11	8.31 495	608	8.31 505	607	1.68 495	9.99 991	49
12	8.32 103	599	8.32 112	599	1.67 888	9.99 990	48
13	8.32 702	590	8.32 711	591	1.67 289	9.99 990	47
14	8.33 292	583	8.33 302	584	1.66 698	9.99 990	46
15	8.33 875	575	8.33 886	575	1.66 114	9.99 990	45
16	8.34 450	568	8.34 461	568	1.65 539	9.99 989	44
17	8.35 018	560	8.35 029	561	1.64 971	9.99 989	43
18	8.35 578	553	8.35 590	553	1.64 410	9.99 989	42
19	8.36 131	547	8.36 143	546	1.63 857	9.99 989	41
20	8.36 678	539	8.36 689	540	1.63 311	9.99 988	40
21	8.37 217	533	8.37 229	533	1.62 771	9.99 988	39
22	8.37 750	526	8.37 762	527	1.62 238	9.99 988	38
23	8.38 276	520	8.38 289	520	1.61 711	9.99 987	37
24	8.38 796	514	8.38 809	514	1.61 191	9.99 987	36
25	8.39 310	508	8.39 323	509	1.60 677	9.99 987	35
26	8.39 818	502	8.39 832	502	1.60 168	9.99 986	34
27	8.40 320	496	8.40 334	496	1.59 666	9.99 986	33
28	8.40 816	491	8.40 830	491	1.59 170	9.99 986	32
29	8.41 307	485	8.41 321	486	1.58 679	9.99 985	31
30	8.41 792	480	8.41 807	480	1.58 193	9.99 985	30′
31	8.42 272	474	8.42 287	475	1.57 713	9.99 985	29
32	8.42 746	470	8.42 762	470	1.57 238	9.99 984	28
33	8.43 216	464	8.43 232	464	1.56 768	9.99 984	27
34	8.43 680	459	8.43 696	460	1.56 304	9.99 984	26
35	8.44 139	455	8.44 156	455	1.55 844	9.99 983	25
36	8.44 594	450	8.44 611	450	1.55 389	9.99 983	24
37	8.45 044	445	8.45 061	446	1.54 939	9.99 983	23
38	8.45 489	441	8.45 507	441	1.54 493	9.99 982	22
39	8.45 930	436	8.45 948	437	1.54 052	9.99 982	21
40	8.46 366	433	8.46 385	432	1.53 615	9.99 982	20
41	8.46 799	427	8.46 817	428	1.53 183	9.99 981	19
42	8.47 226	424	8.47 245	424	1.52 755	9.99 981	18
43	8.47 650	419	8.47 669	420	1.52 331	9.99 981	17
44	8.48 069	416	8.48 089	416	1.51 911	9.99 980	16
45	8.48 485	411	8.48 505	412	1.51 495	9.99 980	15
46	8.48 896	408	8.48 917	408	1.51 083	9.99 979	14
47	8.49 304	404	8.49 325	404	1.50 675	9.99 979	13
48	8.49 708	400	8.49 729	401	1.50 271	9.99 979	12
49	8.50 108	396	8.50 130	397	1.49 870	9.99 978	11
50	8.50 504	393	8.50 527	393	1.49 473	9.99 978	10
51	8.50 897	390	8.50 920	390	1.49 080	9.99 977	9
52	8.51 287	386	8.51 310	386	1.48 690	9.99 977	8
53	8.51 673	382	8.51 696	383	1.48 304	9.99 977	7
54	8.52 055	379	8.52 079	380	1.47 921	9.99 976	6
55	8.52 434	376	8.52 459	376	1.47 541	9.99 976	5
56	8.52 810	373	8.52 835	373	1.47 165	9.99 975	4
57	8.53 183	369	8.53 208	370	1.46 792	9.99 975	3
58	8.53 552	367	8.53 578	367	1.46 422	9.99 974	2
59	8.53 919	363	8.53 945	363	1.46 055	9.99 974	1
60	8.54 282		8.54 308		1.45 692	9.99 974	0
	lg cos	d	lg ctg	d c	lg tg	lg sin	

88°

2°

′	lg sin	d	lg tg	d c	lg ctg	lg cos	′
0	8. 54 282	360	8. 54 308	361	1. 45 692	9. 99 974	**60**
1	8. 54 642	357	8. 54 669	358	1. 45 331	9. 99 973	59
2	8. 54 999	355	8. 55 027	355	1. 44 973	9. 99 973	58
3	8. 55 354	351	8. 55 382	352	1. 44 618	9. 99 972	57
4	8. 55 705	349	8. 55 734	349	1. 44 266	9. 99 972	56
5	8. 56 054	346	8. 56 083	346	1. 43 917	9. 99 971	55
6	8. 56 400	343	8. 56 429	344	1. 43 571	9. 99 971	54
7	8. 56 743	341	8. 56 773	341	1. 43 227	9. 99 970	53
8	8. 57 084	337	8. 57 114	338	1. 42 886	9. 99 970	52
9	8. 57 421	336	8. 57 452	336	1. 42 548	9. 99 969	51
10	8. 57 757	332	8. 57 788	333	1. 42 212	9. 99 969	**50**
11	8. 58 089	330	8. 58 121	330	1. 41 879	9. 99 968	49
12	8. 58 419	328	8. 58 451	328	1. 41 549	9. 99 968	48
13	8. 58 747	325	8. 58 779	326	1. 41 221	9. 99 967	47
14	8. 59 072	323	8. 59 105	323	1. 40 895	9. 99 967	46
15	8. 59 395	320	8. 59 428	321	1. 40 572	9. 99 967	45
16	8. 59 715	318	8. 59 749	319	1. 40 251	9. 99 966	44
17	8. 60 033	316	8. 60 068	316	1. 39 932	9. 99 966	43
18	8. 60 349	313	8. 60 384	314	1. 39 616	9. 99 965	42
19	8. 60 662	311	8. 60 698	311	1. 39 302	9. 99 964	41
20	8. 60 973	309	8. 61 009	310	1. 38 991	9. 99 964	**40**
21	8. 61 282	307	8. 61 319	307	1. 38 681	9. 99 963	39
22	8. 61 589	305	8. 61 626	305	1. 38 374	9. 99 963	38
23	8. 61 894	302	8. 61 931	303	1. 38 069	9. 99 962	37
24	8. 62 196	301	8. 62 234	301	1. 37 766	9. 99 962	36
25	8. 62 497	298	8. 62 535	299	1. 37 465	9. 99 961	35
26	8. 62 795	296	8. 62 834	297	1. 37 166	9. 99 961	34
27	8. 63 091	294	8. 63 131	295	1. 36 869	9. 99 960	33
28	8. 63 385	293	8. 63 426	292	1. 36 574	9. 99 960	32
29	8. 63 678	290	8. 63 718	291	1. 36 282	9. 99 959	31
30	8. 63 968	288	8. 64 009	289	1. 35 991	9. 99 959	**30**
31	8. 64 256	287	8. 64 298	287	1. 35 702	9. 99 958	29
32	8. 64 543	284	8. 64 585	285	1. 35 415	9. 99 958	28
33	8. 64 827	283	8. 64 870	284	1. 35 130	9. 99 957	27
34	8. 65 110	281	8. 65 154	281	1. 34 846	9. 99 956	26
35	8. 65 391	279	8. 65 435	280	1. 34 565	9. 99 956	25
36	8. 65 670	277	8. 65 715	278	1. 34 285	9. 99 955	24
37	8. 65 947	276	8. 65 993	276	1. 34 007	9. 99 955	23
38	8. 66 223	274	8. 66 269	274	1. 33 731	9. 99 954	22
39	8. 66 497	272	8. 66 543	273	1. 33 457	9. 99 954	21
40	8. 66 769	270	8. 66 816	271	1. 33 184	9. 99 953	**20**
41	8. 67 039	269	8. 67 087	269	1. 32 913	9. 99 952	19
42	8. 67 308	267	8. 67 356	268	1. 32 644	9. 99 952	18
43	8. 67 575	266	8. 67 624	266	1. 32 376	9. 99 951	17
44	8. 67 841	263	8. 67 890	264	1. 32 110	9. 99 951	16
45	8. 68 104	263	8. 68 154	263	1. 31 846	9. 99 950	15
46	8. 68 367	260	8. 68 417	261	1. 31 583	9. 99 949	14
47	8. 68 627	259	8. 68 678	260	1. 31 322	9. 99 949	13
48	8. 68 886	258	8. 68 938	258	1. 31 062	9. 99 948	12
49	8. 69 144	256	8. 69 196	257	1. 30 804	9. 99 948	11
50	8. 69 400	254	8. 69 453	255	1. 30 547	9. 99 947	**10**
51	8. 69 654	253	8. 69 708	254	1. 30 292	9. 99 946	9
52	8. 69 907	252	8. 69 962	252	1. 30 038	9. 99 946	8
53	8. 70 159	250	8. 70 214	251	1. 29 786	9. 99 945	7
54	8. 70 409	249	8. 70 465	249	1. 29 535	9. 99 944	6
55	8. 70 658	247	8. 70 714	248	1. 29 286	9. 99 944	5
56	8. 70 905	246	8. 70 962	246	1. 29 038	9. 99 943	4
57	8. 71 151	244	8. 71 208	245	1. 28 792	9. 99 942	3
58	8. 71 395	243	8. 71 453	244	1. 28 547	9. 99 942	2
59	8. 71 638	242	8. 71 697	243	1. 28 303	9. 99 941	1
60	8. 71 880		8. 71 940		1. 28 060	9. 99 940	**0**
′	lg cos	d	lg ctg	d c	lg tg	lg sin	′

87°

′	lg sin	d	lg tg	d c	lg ctg	lg cos	′
0	8. 71 880	240	8. 71 940	241	1. 28 060	9. 99 940	60
1	8. 72 120	239	8. 72 181	239	1. 27 819	9. 99 940	59
2	8. 72 359	238	8. 72 420	239	1. 27 580	9. 99 939	58
3	8. 72 597	237	8. 72 659	237	1. 27 341	9. 99 938	57
4	8. 72 834	235	8. 72 896	236	1. 27 104	9. 99 938	56
5	8. 73 069	234	8. 73 132	234	1. 26 868	9. 99 937	55
6	8. 73 303	232	8. 73 366	234	1. 26 634	9. 99 936	54
7	8. 73 535	232	8. 73 600	232	1. 26 400	9. 99 936	53
8	8. 73 767	230	8. 73 832	231	1. 26 168	9. 99 935	52
9	8. 73 997	229	8. 74 063	229	1. 25 937	9. 99 934	51
10	8. 74 226	228	8. 74 292	229	1. 25 708	9. 99 934	50
11	8. 74 454	226	8. 74 521	227	1. 25 479	9. 99 933	49
12	8. 74 680	226	8. 74 748	226	1. 25 252	9. 99 932	48
13	8. 74 906	224	8. 74 974	225	1. 25 026	9. 99 932	47
14	8. 75 130	223	8. 75 199	224	1. 24 801	9. 99 931	46
15	8. 75 353	222	8. 75 423	222	1. 24 577	9. 99 930	45
16	8. 75 575	220	8. 75 645	222	1. 24 355	9. 99 929	44
17	8. 75 795	220	8. 75 867	220	1. 24 133	9. 99 929	43
18	8. 76 015	219	8. 76 087	219	1. 23 913	9. 99 928	42
19	8. 76 234	217	8. 76 306	219	1. 23 694	9. 99 927	41
20	8. 76 451	216	8. 76 525	217	1. 23 475	9. 99 926	40
21	8. 76 667	216	8. 76 742	216	1. 23 258	9. 99 926	39
22	8. 76 883	214	8. 76 958	215	1. 23 042	9. 99 925	38
23	8. 77 097	213	8. 77 173	214	1. 22 827	9. 99 924	37
24	8. 77 310	212	8. 77 387	213	1. 22 613	9. 99 923	36
25	8. 77 522	211	8. 77 600	211	1. 22 400	9. 99 923	35
26	8. 77 733	210	8. 77 811	211	1. 22 189	9. 99 922	34
27	8. 77 943	209	8. 78 022	210	1. 21 978	9. 99 921	33
28	8. 78 152	208	8. 78 232	209	1. 21 768	9. 99 920	32
29	8. 78 360	208	8. 78 441	208	1. 21 559	9. 99 920	31
30	8. 78 568	206	8. 78 649	206	1. 21 351	9. 99 919	30
31	8. 78 774	205	8. 78 855	206	1. 21 145	9. 99 918	29
32	8. 78 979	204	8. 79 061	205	1. 20 939	9. 99 917	28
33	8. 79 183	203	8. 79 266	204	1. 20 734	9. 99 917	27
34	8. 79 386	202	8. 79 470	203	1. 20 530	9. 99 916	26
35	8. 79 588	201	8. 79 673	202	1. 20 327	9. 99 915	25
36	8. 79 789	201	8. 79 875	201	1. 20 125	9. 99 914	24
37	8. 79 990	199	8. 80 076	201	1. 19 924	9. 99 913	23
38	8. 80 189	199	8. 80 277	199	1. 19 723	9. 99 913	22
39	8. 80 388	197	8. 80 476	198	1. 19 524	9. 99 912	21
40	8. 80 585	197	8. 80 674	198	1. 19 326	9. 99 911	20
41	8. 80 782	196	8. 80 872	196	1. 19 128	9. 99 910	19
42	8. 80 978	195	8. 81 068	196	1. 18 932	9. 99 909	18
43	8. 81 173	194	8. 81 264	195	1. 18 736	9. 99 909	17
44	8. 81 367	193	8. 81 459	194	1. 18 541	9. 99 908	16
45	8. 81 560	192	8. 81 653	193	1. 18 347	9. 99 907	15
46	8. 81 752	192	8. 81 846	192	1. 18 154	9. 99 906	14
47	8. 81 944	190	8. 82 038	192	1. 17 962	9. 99 905	13
48	8. 82 134	190	8. 82 230	190	1. 17 770	9. 99 904	12
49	8. 82 324	189	8. 82 420	190	1. 17 580	9. 99 904	11
50	8. 82 513	188	8. 82 610	189	1. 17 390	9. 99 903	10
51	8. 82 701	187	8. 82 799	188	1. 17 201	9. 99 902	9
52	8. 82 888	187	8. 82 987	188	1. 17 013	9. 99 901	8
53	8. 83 075	186	8. 83 175	186	1. 16 825	9. 99 900	7
54	8. 83 261	185	8. 83 361	186	1. 16 639	9. 99 899	6
55	8. 83 446	184	8. 83 547	185	1. 16 453	9. 99 898	5
56	8. 83 630	183	8. 83 732	184	1. 16 268	9. 99 898	4
57	8. 83 813	183	8. 83 916	184	1. 16 084	9. 99 897	3
58	8. 83 996	181	8. 84 100	182	1. 15 900	9. 99 896	2
59	8. 84 177	181	8. 84 282	182	1. 15 718	9. 99 895	1
60	8. 84 358		8. 84 464		1. 15 536	9. 99 894	0
′	lg cos	d	lg ctg	d c	lg tg	lg sin	′

P P

	241	239	237	235	234
1	4,0	4,0	4,0	3,9	3,9
2	8,0	8,0	7,9	7,8	7,8
3	12,0	12,0	11,8	11,8	11,7
4	16,1	15,9	15,8	15,7	15,6
5	20,1	19,9	19,8	19,6	19,5
6	24,1	23,9	23,7	23,5	23,4
7	28,1	27,9	27,6	27,4	27,3
8	32,1	31,9	31,6	31,3	31,2
9	36,2	35,8	35,6	35,2	35,1
10	40,2	39,8	39,5	39,2	39,0
20	80,3	79,7	79,0	78,3	78,0
30	120,5	119,5	118,5	117,5	117,0
40	160,7	159,3	158,0	156,7	156,0
50	200,8	199,2	197,5	195,8	195,0

	232	229	227	225	223
1	3,9	3,8	3,8	3,8	3,7
2	7,7	7,6	7,6	7,5	7,4
3	11,6	11,4	11,4	11,2	11,2
4	15,5	15,3	15,1	15,0	14,9
5	19,3	19,1	18,9	18,8	18,6
6	23,2	22,9	22,7	22,5	22,3
7	27,1	26,7	26,5	26,2	26,0
8	30,9	30,5	30,3	30,0	29,7
9	34,8	34,4	34,0	33,8	33,4
10	38,7	38,2	37,8	37,5	37,2
20	77,3	76,3	75,7	75,0	74,3
30	116,0	114,5	113,5	112,5	111,5
40	154,7	152,7	151,3	150,0	148,7
50	193,3	190,8	189,2	187,5	185,8

	222	220	217	215	213
1	3,7	3,7	3,6	3,6	3,6
2	7,4	7,3	7,2	7,2	7,1
3	11,1	11,0	10,8	10,8	10,6
4	14,8	14,7	14,5	14,3	14,2
5	18,5	18,3	18,1	17,9	17,8
6	22,2	22,0	21,7	21,5	21,3
7	25,9	25,7	25,3	25,1	24,8
8	29,6	29,3	28,9	28,7	28,4
9	33,3	33,0	32,6	32,2	32,0
10	37,0	36,7	36,2	35,8	35,5
20	74,0	73,3	72,3	71,7	71,0
30	111,0	110,0	108,5	107,5	106,5
40	148,0	146,7	144,7	143,3	142,0
50	185,0	183,3	180,8	179,2	177,5

	211	208	206	203	201
1	3,5	3,5	3,4	3,4	3,4
2	7,0	6,9	6,9	6,8	6,7
3	10,6	10,4	10,3	10,2	10,0
4	14,1	13,9	13,7	13,5	13,4
5	17,6	17,3	17,2	16,9	16,8
6	21,1	20,8	20,6	20,3	20,1
7	24,6	24,3	24,0	23,7	23,4
8	28,1	27,7	27,5	27,1	26,8
9	31,6	31,2	30,9	30,4	30,2
10	35,2	34,7	34,3	33,8	33,5
20	70,3	69,3	68,7	67,7	67,0
30	105,5	104,0	103,0	101,5	100,5
40	140,7	138,7	137,3	135,3	134,0
50	175,8	173,3	171,7	169,2	167,5

	199	197	195	193	192
1	3,3	3,3	3,2	3,2	3,2
2	6,6	6,6	6,5	6,4	6,4
3	10,0	9,8	9,8	9,6	9,6
4	13,3	13,1	13,0	12,9	12,8
5	16,6	16,4	16,2	16,1	16,0
6	19,9	19,7	19,5	19,3	19,2
7	23,2	23,0	22,8	22,5	22,4
8	26,5	26,3	26,0	25,7	25,6
9	29,8	29,6	29,2	29,0	28,8
10	33,2	32,8	32,5	32,2	32,0
20	66,3	65,7	65,0	64,3	64,0
30	99,5	98,5	97,5	96,5	96,0
40	132,7	131,3	130,0	128,7	128,0
50	165,8	164,2	162,5	160,8	160,0

	189	187	185	183	181
1	3,2	3,1	3,1	3,0	3,0
2	6,3	6,2	6,2	6,1	6,0
3	9,4	9,4	9,2	9,2	9,0
4	12,6	12,5	12,3	12,2	12,1
5	15,8	15,6	15,4	15,2	15,1
6	18,9	18,7	18,5	18,3	18,1
7	22,0	21,8	21,6	21,4	21,1
8	25,2	24,9	24,7	24,4	24,1
9	28,4	28,0	27,8	27,4	27,2
10	31,5	31,2	30,8	30,5	30,2
20	63,0	62,3	61,7	61,0	60,3
30	94,5	93,5	92,5	91,5	90,5
40	126,0	124,7	123,3	122,0	120,7
50	157,5	155,8	154,2	152,5	150,8

P P

′	lg sin	d	lg tg	d c	lg ctg	lg cos	′
0	8. 84 358	181	8. 84 464	182	1. 15 536	9. 99 894	60
1	8. 84 539	179	8. 84 646	180	1. 15 354	9. 99 893	59
2	8. 84 718	179	8. 84 826	180	1. 15 174	9. 99 892	58
3	8. 84 897	178	8. 85 006	179	1. 14 994	9. 99 891	57
4	8. 85 075	177	8. 85 185	178	1. 14 815	9. 99 891	56
5	8. 85 252	177	8. 85 363	177	1. 14 637	9. 99 890	55
6	8. 85 429	176	8. 85 540	177	1. 14 460	9. 99 889	54
7	8. 85 605	175	8. 85 717	176	1. 14 283	9. 99 888	53
8	8. 85 780	175	8. 85 893	176	1. 14 107	9. 99 887	52
9	8. 85 955	173	8. 86 069	174	1. 13 931	9. 99 886	51
10	8. 86 128	173	8. 86 243	174	1. 13 757	9. 99 885	50
11	8. 86 301	173	8. 86 417	174	1. 13 583	9. 99 884	49
12	8. 86 474	171	8. 86 591	172	1. 13 409	9. 99 883	48
13	8. 86 645	171	8. 86 763	172	1. 13 237	9. 99 882	47
14	8. 86 816	171	8. 86 935	171	1. 13 065	9. 99 881	46
15	8. 86 987	169	8. 87 106	171	1. 12 894	9. 99 880	45
16	8. 87 156	169	8. 87 277	170	1. 12 723	9. 99 879	44
17	8. 87 325	169	8. 87 447	169	1. 12 553	9. 99 879	43
18	8. 87 494	167	8. 87 616	169	1. 12 384	9. 99 878	42
19	8. 87 661	168	8. 87 785	168	1. 12 215	9. 99 877	41
20	8. 87 829	166	8. 87 953	167	1. 12 047	9. 99 876	40
21	8. 87 995	166	8. 88 120	167	1. 11 880	9. 99 875	39
22	8. 88 161	165	8. 88 287	166	1. 11 713	9. 99 874	38
23	8. 88 326	164	8. 88 453	165	1. 11 547	9. 99 873	37
24	8. 88 490	164	8. 88 618	165	1. 11 382	9. 99 872	36
25	8. 88 654	163	8. 88 783	165	1. 11 217	9. 99 871	35
26	8. 88 817	163	8. 88 948	163	1. 11 052	9. 99 870	34
27	8. 88 980	162	8. 89 111	163	1. 10 889	9. 99 869	33
28	8. 89 142	162	8. 89 274	163	1. 10 726	9. 99 868	32
29	8. 89 304	160	8. 89 437	161	1. 10 563	9. 99 867	31
30	8. 89 464	161	8. 89 598	162	1. 10 402	9. 99 866	30
31	8. 89 625	159	8. 89 760	160	1. 10 240	9. 99 865	29
32	8. 89 784	159	8. 89 920	160	1. 10 080	9. 99 864	28
33	8. 89 943	159	8. 90 080	160	1. 09 920	9. 99 863	27
34	8. 90 102	158	8. 90 240	159	1. 09 760	9. 99 862	26
35	8. 90 260	157	8. 90 399	158	1. 09 601	9. 99 861	25
36	8. 90 417	157	8. 90 557	158	1. 09 443	9. 99 860	24
37	8. 90 574	156	8. 90 715	157	1. 09 285	9. 99 859	23
38	8. 90 730	155	8. 90 872	157	1. 09 128	9. 99 858	22
39	8. 90 885	155	8. 91 029	156	1. 08 971	9. 99 857	21
40	8. 91 040	155	8. 91 185	155	1. 08 815	9. 99 856	20
41	8. 91 195	154	8. 91 340	155	1. 08 660	9. 99 855	19
42	8. 91 349	153	8. 91 495	155	1. 08 505	9. 99 854	18
43	8. 91 502	153	8. 91 650	153	1. 08 350	9. 99 853	17
44	8. 91 655	152	8. 91 803	154	1. 08 197	9. 99 852	16
45	8. 91 807	152	8. 91 957	153	1. 08 043	9. 99 851	15
46	8. 91 959	151	8. 92 110	152	1. 07 890	9. 99 850	14
47	8. 92 110	151	8. 92 262	152	1. 07 738	9. 99 848	13
48	8. 92 261	150	8. 92 414	151	1. 07 586	9. 99 847	12
49	8. 92 411	150	8. 92 565	151	1. 07 435	9. 99 846	11
50	8. 92 561	149	8. 92 716	150	1. 07 284	9. 99 845	10
51	8. 92 710	149	8. 92 866	150	1. 07 134	9. 99 844	9
52	8. 92 859	148	8. 93 016	149	1. 06 984	9. 99 843	8
53	8. 93 007	147	8. 93 165	148	1. 06 835	9. 99 842	7
54	8. 93 154	147	8. 93 313	149	1. 06 687	9. 99 841	6
55	8. 93 301	147	8. 93 462	147	1. 06 538	9. 99 840	5
56	8. 93 448	146	8. 93 609	147	1. 06 391	9. 99 839	4
57	8. 93 594	146	8. 93 756	147	1. 06 244	9. 99 838	3
58	8. 93 740	145	8. 93 903	146	1. 06 097	9. 99 837	2
59	8. 93 885	145	8. 94 049	146	1. 05 951	9. 99 836	1
60	8. 94 030		8. 94 195		1. 05 805	9. 99 834	0
′	lg cos	d	lg ctg	d c	lg tg	lg sin	′

P P

	182	181	179	178	177
1	3,0	3,0	3,0	3,0	3,0
2	6,1	6,0	6,0	5,9	5,9
3	9,1	9,0	9,0	8,9	8,8
4	12,1	12,1	11,9	11,9	11,8
5	15,2	15,1	14,9	14,8	14,8
6	18,2	18,1	17,9	17,8	17,7
7	21,2	21,1	20,9	20,8	20,6
8	24,3	24,1	23,9	23,7	23,6
9	27,3	27,2	26,8	26,7	26,6
10	30,3	30,2	29,8	29,7	29,5
20	60,7	60,3	59,7	59,3	59,0
30	91,0	90,5	89,5	89,0	88,5
40	121,3	120,7	119,3	118,7	118,0
50	151,7	150,8	149,2	148,3	147,5

	176	175	174	173	172
1	2,9	2,9	2,9	2,9	2,9
2	5,9	5,8	5,8	5,8	5,7
3	8,8	8,8	8,7	8,6	8,6
4	11,7	11,7	11,6	11,5	11,5
5	14,7	14,6	14,5	14,4	14,3
6	17,6	17,5	17,4	17,3	17,2
7	20,5	20,4	20,3	20,2	20,1
8	23,5	23,3	23,2	23,1	22,9
9	26,4	26,2	26,1	26,0	25,8
10	29,3	29,2	29,0	28,8	28,7
20	58,7	58,3	58,0	57,7	57,3
30	88,0	87,5	87,0	86,5	86,0
40	117,3	116,7	116,0	115,3	114,7
50	146,7	145,8	145,0	144,2	143,3

	171	170	169	168	167
1	2,8	2,8	2,8	2,8	2,8
2	5,7	5,7	5,6	5,6	5,6
3	8,6	8,5	8,4	8,4	8,4
4	11,4	11,3	11,3	11,2	11,1
5	14,2	14,2	14,1	14,0	13,9
6	17,1	17,0	16,9	16,8	16,7
7	20,0	19,8	19,7	19,6	19,5
8	22,8	22,7	22,5	22,4	22,3
9	25,6	25,5	25,4	25,2	25,0
10	28,5	28,3	28,2	28,0	27,8
20	57,0	56,7	56,3	56,0	55,7
30	85,5	85,0	84,5	84,0	83,5
40	114,0	113,3	112,7	112,0	111,3
50	142,5	141,7	140,8	140,0	139,2

	166	165	164	163	162
1	2,8	2,8	2,7	2,7	2,7
2	5,5	5,5	5,5	5,4	5,4
3	8,3	8,2	8,2	8,2	8,1
4	11,1	11,0	10,9	10,9	10,8
5	13,8	13,8	13,7	13,6	13,5
6	16,6	16,5	16,4	16,3	16,2
7	19,4	19,2	19,1	19,0	18,9
8	22,1	22,0	21,9	21,7	21,6
9	24,9	24,8	24,6	24,4	24,3
10	27,7	27,5	27,3	27,2	27,0
20	55,3	55,0	54,7	54,3	54,0
30	83,0	82,5	82,0	81,5	81,0
40	110,7	110,0	109,3	108,7	108,0
50	138,3	137,5	136,7	135,8	135,0

	161	160	159	158	157
1	2,7	2,7	2,6	2,6	2,6
2	5,4	5,3	5,3	5,3	5,2
3	8,0	8,0	8,0	7,9	7,8
4	10,7	10,7	10,6	10,5	10,5
5	13,4	13,3	13,2	13,2	13,1
6	16,1	16,0	15,9	15,8	15,7
7	18,8	18,7	18,6	18,4	18,3
8	21,5	21,3	21,2	21,1	20,9
9	24,2	24,0	23,8	23,7	23,6
10	26,8	26,7	26,5	26,3	26,2
20	53,7	53,3	53,0	52,7	52,3
30	80,5	80,0	79,5	79,0	78,5
40	107,3	106,7	106,0	105,3	104,7
50	134,2	133,3	132,5	131,7	130,8

	156	155	154	153	152
1	2,6	2,6	2,6	2,6	2,5
2	5,2	5,2	5,1	5,1	5,1
3	7,8	7,8	7,7	7,6	7,6
4	10,4	10,3	10,3	10,2	10,1
5	13,0	12,9	12,8	12,8	12,7
6	15,6	15,5	15,4	15,3	15,2
7	18,2	18,1	18,0	17,8	17,7
8	20,8	20,7	20,5	20,4	20,3
9	23,4	23,2	23,1	23,0	22,8
10	26,0	25,8	25,7	25,5	25,3
20	52,0	51,7	51,3	51,0	50,7
30	78,0	77,5	77,0	76,5	76,0
40	104,0	103,3	102,7	102,0	101,3
50	130,0	129,2	128,3	127,5	126,7

P P

5°

'	lg sin	d	lg tg	d c	lg ctg	lg cos	'
0	8. 94 030	144	8. 94 195	145	1. 05 805	9. 99 834	60
1	8. 94 174	143	8. 94 340	145	1. 05 660	9. 99 833	59
2	8. 94 317	144	8. 94 485	145	1. 05 515	9. 99 832	58
3	8. 94 461	142	8. 94 630	143	1. 05 370	9. 99 831	57
4	8. 94 603	143	8. 94 773	144	1. 05 227	9. 99 830	56
5	8. 94 746	141	8. 94 917	143	1. 05 083	9. 99 829	55
6	8. 94 887	142	8. 95 060	142	1. 04 940	9. 99 828	54
7	8. 95 029	141	8. 95 202	142	1. 04 798	9. 99 827	53
8	8. 95 170	140	8. 95 344	142	1. 04 656	9. 99 825	52
9	8. 95 310	140	8. 95 486	141	1. 04 514	9. 99 824	51
10	8. 95 450	139	8. 95 627	140	1. 04 373	9. 99 823	50
11	8. 95 589	139	8. 95 767	141	1. 04 233	9. 99 822	49
12	8. 95 728	139	8. 95 908	139	1. 04 092	9. 99 821	48
13	8. 95 867	138	8. 96 047	140	1. 03 953	9. 99 820	47
14	8. 96 005	138	8. 96 187	138	1. 03 813	9. 99 819	46
15	8. 96 143	137	8. 96 325	139	1. 03 675	9. 99 817	45
16	8. 96 280	137	8. 96 464	138	1. 03 536	9. 99 816	44
17	8. 96 417	136	8. 96 602	137	1. 03 398	9. 99 815	43
18	8. 96 553	136	8. 96 739	138	1. 03 261	9. 99 814	42
19	8. 96 689	136	8. 96 877	136	1. 03 123	9. 99 813	41
20	8. 96 825	135	8. 97 013	137	1. 02 987	9. 99 812	40
21	8. 96 960	135	8. 97 150	135	1. 02 850	9. 99 810	39
22	8. 97 095	134	8. 97 285	136	1. 02 715	9. 99 809	38
23	8. 97 229	134	8. 97 421	135	1. 02 579	9. 99 808	37
24	8. 97 363	133	8. 97 556	135	1. 02 444	9. 99 807	36
25	8. 97 496	133	8. 97 691	134	1. 02 309	9. 99 806	35
26	8. 97 629	133	8. 97 825	134	1. 02 175	9. 99 804	34
27	8. 97 762	132	8. 97 959	133	1. 02 041	9. 99 803	33
28	8. 97 894	132	8. 98 092	133	1. 01 908	9. 99 802	32
29	8. 98 026	131	8. 98 225	133	1. 01 775	9. 99 801	31
30	8. 98 157	131	8. 98 358	132	1. 01 642	9. 99 800	30
31	8. 98 288	131	8. 98 490	132	1. 01 510	9. 99 798	29
32	8. 98 419	130	8. 98 622	131	1. 01 378	9. 99 797	28
33	8. 98 549	130	8. 98 753	131	1. 01 247	9. 99 796	27
34	8. 98 679	129	8. 98 884	131	1. 01 116	9. 99 795	26
35	8. 98 808	129	8. 99 015	130	1. 00 985	9. 99 793	25
36	8. 98 937	129	9. 99 145	130	1. 00 855	9. 99 792	24
37	8. 99 066	128	8. 99 275	130	1. 00 725	9. 99 791	23
38	8. 99 194	128	8. 99 405	129	1. 00 595	9. 99 790	22
39	8. 99 322	128	8. 99 534	128	1. 00 466	9. 99 788	21
40	8. 99 450	127	8. 99 662	129	1. 00 338	9. 99 787	20
41	8. 99 577	127	8. 99 791	128	1. 00 209	9. 99 786	19
42	8. 99 704	126	8. 99 919	127	1. 00 081	9. 99 785	18
43	8. 99 830	126	9. 00 046	128	0. 99 954	9. 99 783	17
44	8. 99 956	126	9. 00 174	127	0. 99 826	9. 99 782	16
45	9. 00 082	125	9. 00 301	126	0. 99 699	9. 99 781	15
46	9. 00 207	125	9. 00 427	126	0. 99 573	9. 99 780	14
47	9. 00 332	124	9. 00 553	126	0. 99 447	9. 99 778	13
48	9. 00 456	125	9. 00 679	126	0. 99 321	9. 99 777	12
49	9. 00 581	123	9. 00 805	125	0. 99 195	9. 99 776	11
50	9. 00 704	124	9. 00 930	125	0. 99 070	9. 99 775	10
51	9. 00 828	123	9. 01 055	124	0. 98 945	9. 99 773	9
52	9. 00 951	123	9. 01 179	124	0. 98 821	9. 99 772	8
53	9. 01 074	122	9. 01 303	124	0. 98 697	9. 99 771	7
54	9. 01 196	122	9. 01 427	123	0. 98 573	9. 99 769	6
55	9. 01 318	122	9. 01 550	123	0. 98 450	9. 99 768	5
56	9. 01 440	121	9. 01 673	123	0. 98 327	9. 99 767	4
57	9. 01 561	121	9. 01 796	122	0. 98 204	9. 99 765	3
58	9. 01 682	121	9. 01 918	122	0. 98 082	9. 99 764	2
59	9. 01 803	120	9. 02 040	122	0. 97 960	9. 99 763	1
60	9. 01 923		9. 02 162		0. 97 838	9. 99 761	0
'	lg cos	d	lg ctg	d c	lg tg	lg sin	'

P P

	151	149	148	147	146
1	2,5	2,5	2,5	2,4	2,4
2	5,0	5,0	4,9	4,9	4,9
3	7,6	7,4	7,4	7,4	7,3
4	10,1	9,9	9,9	9,8	9,7
5	12,6	12,4	12,3	12,2	12,2
6	15,1	14,9	14,8	14,7	14,6
7	17,6	17,4	17,3	17,2	17,0
8	20,1	19,9	19,7	19,6	19,5
9	22,6	22,4	22,2	22,0	21,9
10	25,2	24,8	24,7	24,5	24,3
20	50,3	49,7	49,3	49,0	48,7
30	75,5	74,5	74,0	73,5	73,0
40	100,7	99,3	98,7	98,0	97,3
50	125,8	124,2	123,3	122,5	121,7

	145	144	143	142	141
1	2,4	2,4	2,4	2,4	2,4
2	4,8	4,8	4,8	4,7	4,7
3	7,2	7,2	7,2	7,1	7,0
4	9,7	9,6	9,5	9,5	9,4
5	12,1	12,0	11,9	11,8	11,8
6	14,5	14,4	14,3	14,2	14,1
7	16,9	16,8	16,7	16,6	16,4
8	19,3	19,2	19,1	18,9	18,8
9	21,8	21,6	21,4	21,3	21,2
10	24,2	24,0	23,8	23,7	23,5
20	48,3	48,0	47,7	47,3	47,0
30	72,5	72,0	71,5	71,0	70,5
40	96,7	96,0	95,3	94,7	94,0
50	120,8	120,0	119,2	118,3	117,5

	140	139	138	137	136
1	2,3	2,3	2,3	2,3	2,3
2	4,7	4,6	4,6	4,6	4,5
3	7,0	7,0	6,9	6,8	6,8
4	9,3	9,3	9,2	9,1	9,1
5	11,7	11,6	11,5	11,4	11,3
6	14,0	13,9	13,8	13,7	13,6
7	16,3	16,2	16,1	16,0	15,9
8	18,7	18,5	18,4	18,3	18,1
9	21,0	20,8	20,7	20,6	20,4
10	23,3	23,2	23,0	22,8	22,7
20	46,7	46,3	46,0	45,7	45,3
30	70,0	69,5	69,0	68,5	68,0
40	93,3	92,7	92,0	91,3	90,7
50	116,7	115,8	115,0	114,2	113,3

	135	134	133	132	131
1	2,3	2,2	2,2	2,2	2,2
2	4,5	4,5	4,4	4,4	4,4
3	6,8	6,7	6,6	6,6	6,6
4	9,0	8,9	8,9	8,8	8,7
5	11,2	11,2	11,1	11,0	10,9
6	13,5	13,4	13,3	13,2	13,1
7	15,8	15,6	15,5	15,4	15,3
8	18,0	17,9	17,7	17,6	17,5
9	20,2	20,1	20,0	19,8	19,6
10	22,5	22,3	22,2	22,0	21,8
20	45,0	44,7	44,3	44,0	43,7
30	67,5	67,0	66,5	66,0	65,5
40	90,0	89,3	88,7	88,0	87,3
50	112,5	111,7	110,8	110,0	109,2

	130	129	128	127	126
1	2,2	2,2	2,1	2,1	2,1
2	4,3	4,3	4,3	4,2	4,2
3	6,5	6,4	6,4	6,4	6,3
4	8,7	8,6	8,5	8,5	8,4
5	10,8	10,8	10,7	10,6	10,5
6	13,0	12,9	12,8	12,7	12,6
7	15,2	15,0	14,9	14,8	14,7
8	17,3	17,2	17,1	16,9	16,8
9	19,5	19,4	19,2	19,0	18,9
10	21,7	21,5	21,3	21,2	21,0
20	43,3	43,0	42,7	42,3	42,0
30	65,0	64,5	64,0	63,5	63,0
40	86,7	86,0	85,3	84,7	84,0
50	108,3	107,5	106,7	105,8	105,0

	125	124	123	122	121
1	2,1	2,1	2,0	2,0	2,0
2	4,2	4,1	4,1	4,1	4,0
3	6,2	6,2	6,2	6,1	6,0
4	8,3	8,3	8,2	8,1	8,1
5	10,4	10,3	10,2	10,2	10,1
6	12,5	12,4	12,3	12,2	12,1
7	14,6	14,5	14,4	14,2	14,1
8	16,7	16,5	16,4	16,3	16,1
9	18,8	18,6	18,4	18,3	18,2
10	20,8	20,7	20,5	20,3	20,2
20	41,7	41,3	41,0	40,7	40,3
30	62,5	62,0	61,5	61,0	60,5
40	83,3	82,7	82,0	81,3	80,7
50	104,2	103,3	102,5	101,7	100,8

P P

84°

′	lg sin	d	lg tg	d c	lg ctg	lg cos	′
0	9.01 923	120	9.02 162	121	0.97 838	9.99 761	**60**
1	9.02 043	120	9.02 283	121	0.97 717	9.99 760	59
2	9.02 163	120	9.02 404	121	0.97 596	9.99 759	58
3	9.02 283	119	9.02 525	120	0.97 475	9.99 757	57
4	9.02 402	118	9.02 645	121	0.97 355	9.99 756	56
5	9.02 520	119	9.02 766	119	0.97 234	9.99 755	55
6	9.02 639	118	9.02 885	120	0.97 115	9.99 753	54
7	9.02 757	117	9.03 005	119	0.96 995	9.99 752	53
8	9.02 874	118	9.03 124	118	0.96 876	9.99 751	52
9	9.02 992	117	9.03 242	119	0.96 758	9.99 749	51
10	9.03 109	117	9.03 361	118	0.96 639	9.99 748	**50**
11	9.03 226	116	9.03 479	118	0.96 521	9.99 747	49
12	9.03 342	116	9.03 597	117	0.96 403	9.99 745	48
13	9.03 458	116	9.03 714	118	0.96 286	9.99 744	47
14	9.03 574	116	9.03 832	116	0.96 168	9.99 742	46
15	9.03 690	115	9.03 948	117	0.96 052	9.99 741	45
16	9.03 805	115	9.04 065	116	0.95 935	9.99 740	44
17	9.03 920	114	9.04 181	116	0.95 819	9.99 738	43
18	9.04 034	115	9.04 297	116	0.95 703	9.99 737	42
19	9.04 149	113	9.04 413	115	0.95 587	9.99 736	41
20	9.04 262	114	9.04 528	115	0.95 472	9.99 734	**40**
21	9.04 376	114	9.04 643	115	0.95 357	9.99 733	39
22	9.04 490	113	9.04 758	115	0.95 242	9.99 731	38
23	9.04 603	112	9.04 873	114	0.95 127	9.99 730	37
24	9.04 715	113	9.04 987	114	0.95 013	9.99 728	36
25	9.04 828	112	9.05 101	113	0.94 899	9.99 727	35
26	9.04 940	112	9.05 214	114	0.94 786	9.99 726	34
27	9.05 052	112	9.05 328	113	0.94 672	9.99 724	33
28	9.05 164	111	9.05 441	112	0.94 559	9.99 723	32
29	9.05 275	111	9.05 553	113	0.94 447	9.99 721	31
30	9.05 386	111	9.05 666	112	0.94 334	9.99 720	**30**
31	9.05 497	110	9.05 778	112	0.94 222	9.99 718	29
32	9.05 607	110	9.05 890	112	0.94 110	9.99 717	28
33	9.05 717	110	9.06 002	111	0.93 998	9.99 716	27
34	9.05 827	110	9.06 113	111	0.93 887	9.99 714	26
35	9.05 937	109	9.06 224	111	0.93 776	9.99 713	25
36	9.06 046	109	9.06 335	110	0.93 665	9.99 711	24
37	9.06 155	109	9.06 445	111	0.93 555	9.99 710	23
38	9.06 264	108	9.06 556	110	0.93 444	9.99 708	22
39	9.06 372	109	9.06 666	109	0.93 334	9.99 707	21
40	9.06 481	108	9.06 775	110	0.93 225	9.99 705	**20**
41	9.06 589	107	9.06 885	109	0.93 115	9.99 704	19
42	9.06 696	108	9.06 994	109	0.93 006	9.99 702	18
43	9.06 804	107	9.07 103	108	0.92 897	9.99 701	17
44	9.06 911	107	9.07 211	109	0.92 789	9.99 699	16
45	9.07 018	106	9.07 320	108	0.92 680	9.99 698	15
46	9.07 124	107	9.07 428	108	0.92 572	9.99 696	14
47	9.07 231	106	9.07 536	107	0.92 464	9.99 695	13
48	9.07 337	105	9.07 643	108	0.92 357	9.99 693	12
49	9.07 442	106	9.07 751	107	0.92 249	9.99 692	11
50	9.07 548	105	9.07 858	106	0.92 142	9.99 690	**10**
51	9.07 653	105	9.07 964	107	0.92 036	9.99 689	9
52	9.07 758	105	9.08 071	106	0.91 929	9.99 687	8
53	9.07 863	105	9.08 177	106	0.91 823	9.99 686	7
54	9.07 968	104	9.08 283	106	0.91 717	9.99 684	6
55	9.08 072	104	9.08 389	106	0.91 611	9.99 683	5
56	9.08 176	104	9.08 495	105	0.91 505	9.99 681	4
57	9.08 280	103	9.08 600	105	0.91 400	9.99 680	3
58	9.08 383	103	9.08 705	105	0.91 295	9.99 678	2
59	9.08 486	103	9.08 810	104	0.91 190	9.99 677	1
60	9.08 589		9.08 914		0.91 086	9.99 675	**0**
′	lg cos	d	lg ctg	d c	lg tg	lg sin	′

P P

	121	**120**	**119**	**118**
1	2,0	2,0	2,0	2,0
2	4,0	4,0	4,0	3,9
3	6,0	6,0	6,0	5,9
4	8,1	8,0	7,9	7,9
5	10,1	10,0	9,9	9,8
6	12,1	12,0	11,9	11,8
7	14,1	14,0	13,9	13,8
8	16,1	16,0	15,9	15,7
9	18,2	18,0	17,8	17,7
10	20,2	20,0	19,8	19,7
20	40,3	40,0	39,7	39,3
30	60,5	60,0	59,5	59,0
40	80,7	80,0	79,3	78,7
50	100,8	100,0	99,2	98,3

	117	**116**	**115**	**114**
1	2,0	1,9	1,9	1,9
2	3,9	3,9	3,8	3,8
3	5,8	5,8	5,8	5,7
4	7,8	7,7	7,7	7,6
5	9,8	9,7	9,6	9,5
6	11,7	11,6	11,5	11,4
7	13,6	13,5	13,4	13,3
8	15,6	15,5	15,3	15,2
9	17,6	17,4	17,2	17,1
10	19,5	19,3	19,2	19,0
20	39,0	38,7	38,3	38,0
30	58,5	58,0	57,5	57,0
40	78,0	77,3	76,7	76,0
50	97,5	96,7	95,8	95,0

	113	**112**	**111**	**110**
1	1,9	1,9	1,8	1,8
2	3,8	3,7	3,7	3,7
3	5,6	5,6	5,6	5,5
4	7,5	7,5	7,4	7,3
5	9,4	9,3	9,2	9,2
6	11,3	11,2	11,1	11,0
7	13,2	13,1	13,0	12,8
8	15,1	14,9	14,8	14,7
9	17,0	16,8	16,6	16,5
10	18,8	18,7	18,5	18,3
20	37,7	37,3	37,0	36,7
30	56,5	56,0	55,5	55,0
40	75,3	74,7	74,0	73,3
50	94,2	93,3	92,5	91,7

	109	**108**	**107**	**106**
1	1,8	1,8	1,8	1,8
2	3,6	3,6	3,6	3,5
3	5,4	5,4	5,4	5,3
4	7,3	7,2	7,1	7,1
5	9,1	9,0	8,9	8,8
6	10,9	10,8	10,7	10,6
7	12,7	12,6	12,5	12,4
8	14,5	14,4	14,3	14,1
9	16,4	16,2	16,0	15,9
10	18,2	18,0	17,8	17,7
20	36,3	36,0	35,7	35,3
30	54,5	54,0	53,5	53,0
40	72,7	72,0	71,3	70,7
50	90,8	90,0	89,2	88,3

P P

7°

′	lg sin	d	lg tg	d c	lg ctg	lg cos	′
0	9.08 589	103	9.08 914	105	0.91 086	9.99 675	60
1	9.08 692	103	9.09 019	104	0.90 981	9.99 674	59
2	9.08 795	102	9.09 123	104	0.90 877	9.99 672	58
3	9.08 897	102	9.09 227	103	0.90 773	9.99 670	57
4	9.08 999	102	9.09 330	104	0.90 670	9.99 669	56
5	9.09 101	101	9.09 434	103	0.90 566	9.99 667	55
6	9.09 202	102	9.09 537	103	0.90 463	9.99 666	54
7	9.09 304	101	9.09 640	102	0.90 360	9.99 664	53
8	9.09 405	101	9.09 742	103	0.90 258	9.99 663	52
9	9.09 506	100	9.09 845	102	0.90 155	9.99 661	51
10	9.09 606	101	9.09 947	102	0.90 053	9.99 659	50
11	9.09 707	100	9.10 049	101	0.89 951	9.99 658	49
12	9.09 807	100	9.10 150	102	0.89 850	9.99 656	48
13	9.09 907	99	9.10 252	101	0.89 748	9.99 655	47
14	9.10 006	100	9.10 353	101	0.89 647	9.99 653	46
15	9.10 106	99	9.10 454	101	0.89 546	9.99 651	45
16	9.10 205	99	9.10 555	101	0.89 445	9.99 650	44
17	9.10 304	98	9.10 656	100	0.89 344	9.99 648	43
18	9.10 402	99	9.10 756	100	0.89 244	9.99 647	42
19	9.10 501	98	9.10 856	100	0.89 144	9.99 645	41
20	9.10 599	98	9.10 956	100	0.89 044	9.99 643	40
21	9.10 697	98	9.11 056	99	0.88 944	9.99 642	39
22	9.10 795	98	9.11 155	99	0.88 845	9.99 640	38
23	9.10 893	97	9.11 254	99	0.88 746	9.99 638	37
24	9.10 990	97	9.11 353	99	0.88 647	9.99 637	36
25	9.11 087	97	9.11 452	99	0.88 548	9.99 635	35
26	9.11 184	97	9.11 551	98	0.88 449	9.99 633	34
27	9.11 281	96	9.11 649	98	0.88 351	9.99 632	33
28	9.11 377	97	9.11 747	98	0.88 253	9.99 630	32
29	9.11 474	96	9.11 845	98	0.88 155	9.99 629	31
30	9.11 570	96	9.11 943	97	0.88 057	9.99 627	30
31	9.11 666	95	9.12 040	98	0.87 960	9.99 625	29
32	9.11 761	96	9.12 138	97	0.87 862	9.99 624	28
33	9.11 857	95	9.12 235	97	0.87 765	9.99 622	27
34	9.11 952	95	9.12 332	96	0.87 668	9.99 620	26
35	9.12 047	95	9.12 428	97	0.87 572	9.99 618	25
36	9.12 142	94	9.12 525	96	0.87 475	9.99 617	24
37	9.12 236	95	9.12 621	96	0.87 379	9.99 615	23
38	9.12 331	94	9.12 717	96	0.87 283	9.99 613	22
39	9.12 425	94	9.12 813	96	0.87 187	9.99 612	21
40	9.12 519	93	9.12 909	95	0.87 091	9.99 610	20
41	9.12 612	94	9.13 004	95	0.86 996	9.99 608	19
42	9.12 706	93	9.13 099	95	0.86 901	9.99 607	18
43	9.12 799	93	9.13 194	95	0.86 806	9.99 605	17
44	9.12 892	93	9.13 289	95	0.86 711	9.99 603	16
45	9.12 985	93	9.13 384	94	0.86 616	9.99 601	15
46	9.13 078	93	9.13 478	95	0.86 522	9.99 600	14
47	9.13 171	92	9.13 573	94	0.86 427	9.99 598	13
48	9.13 263	92	9.13 667	94	0.86 333	9.99 596	12
49	9.13 355	92	9.13 761	93	0.86 239	9.99 595	11
50	9.13 447	92	9.13 854	94	0.86 146	9.99 593	10
51	9.13 539	91	9.13 948	93	0.86 052	9.99 591	9
52	9.13 630	92	9.14 041	93	0.85 959	9.99 589	8
53	9.13 722	91	9.14 134	93	0.85 866	9.99 588	7
54	9.13 813	91	9.14 227	93	0.85 773	9.99 586	6
55	9.13 904	90	9.14 320	92	0.85 680	9.99 584	5
56	9.13 994	91	9.14 412	92	0.85 588	9.99 582	4
57	9.14 085	90	9.14 504	93	0.85 496	9.99 581	3
58	9.14 175	91	9.14 597	91	0.85 403	9.99 579	2
59	9.14 266	90	9.14 688	92	0.85 312	9.99 577	1
60	9.14 356		9.14 780		0.85 220	9.99 575	0
′	lg cos	d	lg ctg	d c	lg tg	lg sin	′

P P

	105	104	103	102
1	1,8	1,7	1,7	1,7
2	3,5	3,5	3,4	3,4
3	5,2	5,2	5,2	5,1
4	7,0	6,9	6,9	6,8
5	8,8	8,7	8,6	8,5
6	10,5	10,4	10,3	10,2
7	12,2	12,1	12,0	11,9
8	14,0	13,9	13,7	13,6
9	15,8	15,6	15,4	15,3
10	17,5	17,3	17,2	17,0
20	35,0	34,7	34,3	34,0
30	52,5	52,0	51,5	51,0
40	70,0	69,3	68,7	68,0
50	87,5	86,7	85,8	85,0

	101	100	99	98
1	1,7	1,7	1,6	1,6
2	3,4	3,3	3,3	3,3
3	5,0	5,0	5,0	4,9
4	6,7	6,7	6,6	6,5
5	8,4	8,3	8,2	8,2
6	10,1	10,0	9,9	9,8
7	11,8	11,7	11,6	11,4
8	13,5	13,3	13,2	13,1
9	15,2	15,0	14,8	14,7
10	16,8	16,7	16,5	16,3
20	33,7	33,3	33,0	32,7
30	50,5	50,0	49,5	49,0
40	67,3	66,7	66,0	65,3
50	84,2	83,3	82,5	81,7

	97	96	95	94
1	1,6	1,6	1,6	1,6
2	3,2	3,2	3,2	3,1
3	4,8	4,8	4,8	4,7
4	6,5	6,4	6,3	6,3
5	8,1	8,0	7,9	7,8
6	9,7	9,6	9,5	9,4
7	11,3	11,2	11,1	11,0
8	12,9	12,8	12,7	12,5
9	14,6	14,4	14,2	14,1
10	16,2	16,0	15,8	15,7
20	32,3	32,0	31,7	31,3
30	48,5	48,0	47,5	47,0
40	64,7	64,0	63,3	62,7
50	80,8	80,0	79,2	78,3

	93	92	91	90
1	1,6	1,5	1,5	1,5
2	3,1	3,1	3,0	3,0
3	4,6	4,6	4,6	4,5
4	6,2	6,1	6,1	6,0
5	7,8	7,7	7,6	7,5
6	9,3	9,2	9,1	9,0
7	10,8	10,7	10,6	10,5
8	12,4	12,3	12,1	12,0
9	14,0	13,8	13,6	13,5
10	15,5	15,3	15,2	15,0
20	31,0	30,7	30,3	30,0
30	46,5	46,0	45,5	45,0
40	62,0	61,3	60,7	60,0
50	77,5	76,7	75,8	75,0

P P

82°

8°

'	lg sin	d	lg tg	d c	lg ctg	lg cos	'
0	9.14 356	89	9.14 780	92	0.85 220	9.99 575	60
1	9.14 445	90	9.14 872	91	0.85 128	9.99 574	59
2	9.14 535	89	9.14 963	91	0.85 037	9.99 572	58
3	9.14 624	90	9.15 054	91	0.84 946	9.99 570	57
4	9.14 714	89	9.15 145	91	0.84 855	9.99 568	56
5	9.14 803	88	9.15 236	91	0.84 764	9.99 566	55
6	9.14 891	89	9.15 327	90	0.84 673	9.99 565	54
7	9.14 980	89	9.15 317	91	0.84 583	9.99 563	53
8	9.15 069	88	9.15 508	90	0.84 492	9.99 561	52
9	9.15 157	88	9.15 598	90	0.84 402	9.99 559	51
10	9.15 245	88	9.15 688	89	0.84 312	9.99 557	50
11	9.15 333	88	9.15 777	90	0.84 223	9.99 556	49
12	9.15 421	87	9.15 867	89	0.84 133	9.99 554	48
13	9.15 508	88	9.15 956	90	0.84 044	9.99 552	47
14	9.15 596	87	9.16 046	89	0.83 954	9.99 550	46
15	9.15 683	87	9.16 135	89	0.83 865	9.99 548	45
16	9.15 770	87	9.16 224	88	0.83 776	9.99 546	44
17	9.15 857	87	9.16 312	89	0.83 688	9.99 545	43
18	9.15 944	86	9.16 401	88	0.83 599	9.99 543	42
19	9.16 030	86	9.16 489	88	0.83 511	9.99 541	41
20	9.16 116	87	9.16 577	88	0.83 423	9.99 539	40
21	9.16 203	86	9.16 665	88	0.83 335	9.99 537	39
22	9.16 289	85	9.16 753	88	0.83 247	9.99 535	38
23	9.16 374	86	9.16 841	87	0.83 159	9.99 533	37
24	9.16 460	85	9.16 928	88	0.83 072	9.99 532	36
25	9.16 545	86	9.17 016	87	0.82 984	9.99 530	35
26	9.16 631	85	9.17 103	87	0.82 897	9.99 528	34
27	9.16 716	85	9.17 190	87	0.82 810	9.99 526	33
28	9.16 801	85	9.17 277	86	0.82 723	9.99 524	32
29	9.16 886	84	9.17 363	87	0.82 637	9.99 522	31
30	9.16 970	85	9.17 450	86	0.82 550	9.99 520	30
31	9.17 055	84	9.17 536	86	0.82 464	9.99 518	29
32	9.17 139	84	9.17 622	86	0.82 378	9.99 517	28
33	9.17 223	84	9.17 708	86	0.82 292	9.99 515	27
34	9.17 307	84	9.17 794	86	0.82 206	9.99 513	26
35	9.17 391	83	9.17 880	85	0.82 120	9.99 511	25
36	9.17 474	84	9.17 965	86	0.82 035	9.99 509	24
37	9.17 558	83	9.18 051	85	0.81 949	9.99 507	23
38	9.17 641	83	9.18 136	85	0.81 864	9.99 505	22
39	9.17 724	83	9.18 221	85	0.81 779	9.99 503	21
40	9.17 807	83	9.18 306	85	0.81 694	9.99 501	20
41	9.17 890	83	9.18 391	84	0.81 609	9.99 499	19
42	9.17 973	82	9.18 475	85	0.81 525	9.99 497	18
43	9.18 055	82	9.18 560	84	0.81 440	9.99 495	17
44	9.18 137	83	9.18 644	84	0.81 356	9.99 494	16
45	9.18 220	82	9.18 728	84	0.81 272	9.99 492	15
46	9.18 302	81	9.18 812	84	0.81 188	9.99 490	14
47	9.18 383	82	9.18 896	83	0.81 104	9.99 488	13
48	9.18 465	82	9.18 979	84	0.81 021	9.99 486	12
49	9.18 547	81	9.19 063	83	0.80 937	9.99 484	11
50	9.18 628	81	9.19 146	83	0.80 854	9.99 482	10
51	9.18 709	81	9.19 229	83	0.80 771	9.99 480	9
52	9.18 790	81	9.19 312	83	0.80 688	9.99 478	8
53	9.18 871	81	9.19 395	83	0.80 605	9.99 476	7
54	9.18 952	81	9.19 478	83	0.80 522	9.99 474	6
55	9.19 033	80	9.19 561	82	0.80 439	9.99 472	5
56	9.19 113	80	9.19 643	82	0.80 357	9.99 470	4
57	9.19 193	80	9.19 725	82	0.80 275	9.99 468	3
58	9.19 273	80	9.19 807	82	0.80 193	9.99 466	2
59	9.19 353	80	9.19 889	82	0.80 111	9.99 464	1
60	9.19 433		9.19 971		0.80 029	9.99 462	0
'	lg cos	d	lg ctg	d c	lg tg	lg sin	'

P P	92	91	90
1	1,5	1,5	1,5
2	3,1	3,0	3,0
3	4,6	4,6	4,5
4	6,1	6,1	6,0
5	7,7	7,6	7,5
6	9,2	9,1	9,0
7	10,7	10,6	10,5
8	12,3	12,1	12,0
9	13,8	13,6	13,5
10	15,3	15,2	15,0
20	30,7	30,3	30,0
30	46,0	45,5	45,0
40	61,3	60,7	60,0
50	76,7	75,8	75,0
	89	**88**	**87**
1	1,5	1,5	1,4
2	3,0	2,9	2,9
3	4,4	4,4	4,4
4	5,9	5,9	5,8
5	7,4	7,3	7,2
6	8,9	8,8	8,7
7	10,4	10,3	10,2
8	11,9	11,7	11,6
9	13,4	13,2	13,0
10	14,8	14,7	14,5
20	29,7	29,3	29,0
30	44,5	44,0	43,5
40	59,3	58,7	58,0
50	74,2	73,3	72,5
	86	**85**	**84**
1	1,4	1,4	1,4
2	2,9	2,8	2,8
3	4,3	4,2	4,2
4	5,7	5,7	5,6
5	7,2	7,1	7,0
6	8,6	8,5	8,4
7	10,0	9,9	9,8
8	11,5	11,3	11,2
9	12,9	12,8	12,6
10	14,3	14,2	14,0
20	28,7	28,3	28,0
30	43,0	42,5	42,0
40	57,3	56,7	56,0
50	71,7	70,8	70,0
	83	**82**	**81**
1	1,4	1,4	1,4
2	2,8	2,7	2,7
3	4,2	4,1	4,0
4	5,5	5,5	5,4
5	6,9	6,8	6,8
6	8,3	8,2	8,1
7	9,7	9,6	9,4
8	11,1	10,9	10,8
9	12,4	12,3	12,2
10	13,8	13,7	13,5
20	27,7	27,3	27,0
30	41,5	41,0	40,5
40	55,3	54,7	54,0
50	69,2	68,3	67,5
P P			

81°

9°

′	lg sin	d	lg tg	d c	lg ctg	lg cos	d	′
0	9.19433	80	9.19971	82	0.80029	9.99462	2	60
1	9.19513	79	9.20053	81	0.79947	9.99460	2	59
2	9.19592	80	9.20134	82	0.79866	9.99458	2	58
3	9.19672	79	9.20216	81	0.79784	9.99456	2	57
4	9.19751	79	9.20297	81	0.79703	9.99454	2	56
5	9.19830	79	9.20378	81	0.79622	9.99452	2	55
6	9.19909	79	9.20459	81	0.79541	9.99450	2	54
7	9.19988	79	9.20540	81	0.79460	9.99448	2	53
8	9.20067	78	9.20621	80	0.79379	9.99446	2	52
9	9.20145	78	9.20701	81	0.79299	9.99444	2	51
10	9.20223	79	9.20782	80	0.79218	9.99442	2	50
11	9.20302	78	9.20862	80	0.79138	9.99440	2	49
12	9.20380	78	9.20942	80	0.79058	9.99438	2	48
13	9.20458	77	9.21022	80	0.78978	9.99436	2	47
14	9.20535	78	9.21102	80	0.78898	9.99434	2	46
15	9.20613	78	9.21182	79	0.78818	9.99432	3	45
16	9.20691	77	9.21261	80	0.78739	9.99429	2	44
17	9.20768	77	9.21341	79	0.78659	9.99427	2	43
18	9.20845	77	9.21420	79	0.78580	9.99425	2	42
19	9.20922	77	9.21499	79	0.78501	9.99423	2	41
20	9.20999	77	9.21578	79	0.78422	9.99421	2	40
21	9.21076	77	9.21657	79	0.78343	9.99419	2	39
22	9.21153	76	9.21736	78	0.78264	9.99417	2	38
23	9.21229	77	9.21814	79	0.78186	9.99415	2	37
24	9.21306	76	9.21893	78	0.78107	9.99413	2	36
25	9.21382	76	9.21971	78	0.78029	9.99411	2	35
26	9.21458	76	9.22049	78	0.77951	9.99409	2	34
27	9.21534	76	9.22127	78	0.77873	9.99407	3	33
28	9.21610	75	9.22205	78	0.77795	9.99404	2	32
29	9.21685	76	9.22283	78	0.77717	9.99402	2	31
30	9.21761	75	9.22361	77	0.77639	9.99400	2	30
31	9.21836	76	9.22438	78	0.77562	9.99398	2	29
32	9.21912	75	9.22516	77	0.77484	9.99396	2	28
33	9.21987	75	9.22593	77	0.77407	9.99394	2	27
34	9.22062	75	9.22670	77	0.77330	9.99392	2	26
35	9.22137	74	9.22747	77	0.77253	9.99390	2	25
36	9.22211	75	9.22824	77	0.77176	9.99388	3	24
37	9.22286	75	9.22901	76	0.77099	9.99385	2	23
38	9.22361	74	9.22977	77	0.77023	9.99383	2	22
39	9.22435	74	9.23054	76	0.76946	9.99381	2	21
40	9.22509	74	9.23130	76	0.76870	9.99379	2	20
41	9.22583	74	9.23206	77	0.76794	9.99377	2	19
42	9.22657	74	9.23283	76	0.76717	9.99375	3	18
43	9.22731	74	9.23359	76	0.76641	9.99372	2	17
44	9.22805	73	9.23435	75	0.76565	9.99370	2	16
45	9.22878	74	9.23510	76	0.76490	9.99368	2	15
46	9.22952	73	9.23586	75	0.76414	9.99366	2	14
47	9.23025	73	9.23661	76	0.76339	9.99364	2	13
48	9.23098	73	9.23737	75	0.76263	9.99362	3	12
49	9.23171	73	9.23812	75	0.76188	9.99359	2	11
50	9.23244	73	9.23887	75	0.76113	9.99357	2	10
51	9.23317	73	9.23962	75	0.76038	9.99355	2	9
52	9.23390	72	9.24037	75	0.75963	9.99353	2	8
53	9.23462	73	9.24112	74	0.75888	9.99351	3	7
54	9.23535	72	9.24186	75	0.75814	9.99348	2	6
55	9.23607	72	9.24261	74	0.75739	9.99346	2	5
56	9.23679	73	9.24335	75	0.75665	9.99344	2	4
57	9.23752	71	9.24410	74	0.75590	9.99342	2	3
58	9.23823	72	9.24484	74	0.75516	9.99340	3	2
59	9.23895	72	9.24558	74	0.75442	9.99337	2	1
60	9.23967		9.24632		0.75368	9.99335		0
′	lg cos	d	lg ctg	d c	lg tg	lg sin	d	′

P P

	80	79	78
1	1,3	1,3	1,3
2	2,7	2,6	2,6
3	4,0	4,0	3,9
4	5,3	5,3	5,2
5	6,7	6,6	6,5
6	8,0	7,9	7,8
7	9,3	9,2	9,1
8	10,7	10,5	10,4
9	12,0	11,8	11,7
10	13,3	13,2	13,0
20	26,7	26,3	26,0
30	40,0	39,5	39,0
40	53,3	52,7	52,0
50	66,7	65,8	65,0

	77	76	75	74
1	1,3	1,3	1,2	1,2
2	2,6	2,5	2,5	2,5
3	3,8	3,8	3,8	3,7
4	5,1	5,1	5,0	4,9
5	6,4	6,3	6,2	6,2
6	7,7	7,6	7,5	7,4
7	9,0	8,9	8,8	8,6
8	10,3	10,1	10,0	9,9
9	11,6	11,4	11,2	11,1
10	12,8	12,7	12,5	12,3
20	25,7	25,3	25,0	24,7
30	38,5	38,0	37,5	37,0
40	51,3	50,7	50,0	49,3
50	64,2	63,3	62,5	61,7

	73	72	71
1	1,2	1,2	1,2
2	2,4	2,4	2,4
3	3,6	3,6	3,6
4	4,9	4,8	4,7
5	6,1	6,0	5,9
6	7,3	7,2	7,1
7	8,5	8,4	8,3
8	9,7	9,6	9,5
9	11,0	10,8	10,6
10	12,2	12,0	11,8
20	24,3	24,0	23,7
30	36,5	36,0	35,5
40	48,7	48,0	47,3
50	60,8	60,0	59,2

	3	2
1	0,0	0,0
2	0,1	0,1
3	0,2	0,1
4	0,2	0,1
5	0,2	0,2
6	0,3	0,2
7	0,4	0,2
8	0,4	0,3
9	0,4	0,3
10	0,5	0,3
20	1,0	0,7
30	1,5	1,0
40	2,0	1,3
50	2,5	1,7

P P

80°

10°

′	lg sin	d	lg tg	d c	lg ctg	lg cos	d	′
0	9. 23 967	72	9. 24 632	74	0. 75 368	9. 99 335	2	60
1	9. 24 039	71	9. 24 706	73	0. 75 294	9. 99 333	2	59
2	9. 24 110	71	9. 24 779	74	0. 75 221	9. 99 331	3	58
3	9. 24 181	72	9. 24 853	73	0. 75 147	9. 99 328	2	57
4	9. 24 253	71	9. 24 926	74	0. 75 074	9. 99 326	2	56
5	9. 24 324	71	9. 25 000	73	0. 75 000	9. 99 324	2	55
6	9. 24 395	71	9. 25 073	73	0. 74 927	9. 99 322	3	54
7	9. 24 466	70	9. 25 146	73	0. 74 854	9. 99 319	2	53
8	9. 24 536	71	9. 25 219	73	0. 74 781	9. 99 317	2	52
9	9. 24 607	70	9. 25 292	73	0. 74 708	9. 99 315	2	51
10	9. 24 677	71	9. 25 365	72	0. 74 635	9. 99 313	3	50
11	9. 24 748	70	9. 25 437	73	0. 74 563	9. 99 310	2	49
12	9. 24 818	70	9. 25 510	72	0. 74 490	9. 99 308	2	48
13	9. 24 888	70	9. 25 582	73	0. 74 418	9. 99 306	2	47
14	9. 24 958	70	9. 25 655	72	0. 74 345	9. 99 304	3	46
15	9. 25 028	70	9. 25 727	72	0. 74 273	9. 99 301	2	45
16	9. 25 098	70	9. 25 799	72	0. 74 201	9. 99 299	2	44
17	9. 25 168	69	9. 25 871	72	0. 74 129	9. 99 297	3	43
18	9. 25 237	70	9. 25 943	72	0. 74 057	9. 99 294	2	42
19	9. 25 307	69	9. 26 015	71	0. 73 985	9. 99 292	2	41
20	9. 25 376	69	9. 26 086	72	0. 73 914	9. 99 290	2	40
21	9. 25 445	69	9. 26 158	71	0. 73 842	9. 99 288	3	39
22	9. 25 514	69	9. 26 229	72	0. 73 771	9. 99 285	2	38
23	9. 25 583	69	9. 26 301	71	0. 73 699	9. 99 283	2	37
24	9. 25 652	69	9. 26 372	71	0. 73 628	9. 99 281	3	36
25	9. 25 721	69	9. 26 443	71	0. 73 557	9. 99 278	2	35
26	9. 25 790	68	9. 26 514	71	0. 73 486	9. 99 276	2	34
27	9. 25 858	69	9. 26 585	70	0. 73 415	9. 99 274	3	33
28	9. 25 927	68	9. 26 655	71	0. 73 345	9. 99 271	2	32
29	9. 25 995	68	9. 26 726	71	0. 73 274	9. 99 269	2	31
30	9. 26 063	68	9. 26 797	70	0. 73 203	9. 99 267	3	30
31	9. 26 131	68	9. 26 867	70	0. 73 133	9. 99 264	2	29
32	9. 26 199	68	9. 26 937	71	0. 73 063	9. 99 262	2	28
33	9. 26 267	68	9. 27 008	70	0. 72 992	9. 99 260	3	27
34	9. 26 335	68	9. 27 078	70	0. 72 922	9. 99 257	2	26
35	9. 26 403	67	9. 27 148	70	0. 72 852	9. 99 255	3	25
36	9. 26 470	68	9. 27 218	70	0. 72 782	9. 99 252	2	24
37	9. 26 538	67	9. 27 288	69	0. 72 712	9. 99 250	2	23
38	9. 26 605	67	9. 27 357	70	0. 72 643	9. 99 248	3	22
39	9. 26 672	67	9. 27 427	69	0. 72 573	9. 99 245	2	21
40	9. 26 739	67	9. 27 496	70	0. 72 504	9. 99 243	2	20
41	9. 26 806	67	9. 27 566	69	0. 72 434	9. 99 241	3	19
42	9. 26 873	67	9. 27 635	69	0. 72 365	9. 99 238	2	18
43	9. 26 940	67	9. 27 704	69	0. 72 296	9. 99 236	3	17
44	9. 27 007	66	9. 27 773	69	0. 72 227	9. 99 233	2	16
45	9. 27 073	67	9. 27 842	69	0. 72 158	9. 99 231	2	15
46	9. 27 140	66	9. 27 911	69	0. 72 089	9. 99 229	3	14
47	9. 27 206	67	9. 27 980	69	0. 72 020	9. 99 226	2	13
48	9. 27 273	66	9. 28 049	68	0. 71 951	9. 99 224	3	12
49	9. 27 339	66	9. 28 117	69	0. 71 883	9. 99 221	2	11
50	9. 27 405	66	9. 28 186	68	0. 71 814	9. 99 219	2	10
51	9. 27 471	66	9. 28 254	69	0. 71 746	9. 99 217	3	9
52	9. 27 537	65	9. 28 323	68	0. 71 677	9. 99 214	2	8
53	9. 27 602	66	9. 28 391	68	0. 71 609	9. 99 212	3	7
54	9. 27 668	66	9. 28 459	68	0. 71 541	9. 99 209	2	6
55	9. 27 734	65	9. 28 527	68	0. 71 473	9. 99 207	3	5
56	9. 27 799	65	9. 28 595	67	0. 71 405	9. 99 204	2	4
57	9. 27 864	66	9. 28 662	68	0. 71 338	9. 99 202	2	3
58	9. 27 930	65	9. 28 730	68	0. 71 270	9. 99 200	3	2
59	9. 27 995	65	9. 28 798	67	0. 71 202	9. 99 197	2	1
60	9. 28 060		9. 28 865		0. 71 135	9. 99 195		0
′	lg cos	d	lg ctg	d c	lg tg	lg sin	d	′

P P

	74	73	72
1	1,2	1,2	1,2
2	2,5	2,4	2,4
3	3,7	3,6	3,6
4	4,9	4,9	4,8
5	6,2	6,1	6,0
6	7,4	7,3	7,2
7	8,6	8,5	8,4
8	9,9	9,7	9,6
9	11,1	11,0	10,8
10	12,3	12,2	12,0
20	24,7	24,3	24,0
30	37,0	36,5	36,0
40	49,3	48,7	48,0
50	61,7	60,8	60,0

	71	70	69
1	1,2	1,2	1,2
2	2,4	2,3	2,3
3	3,6	3,5	3,4
4	4,7	4,7	4,6
5	5,9	5,8	5,8
6	7,1	7,0	6,9
7	8,3	8,2	8,0
8	9,5	9,3	9,2
9	10,6	10,5	10,4
10	11,8	11,7	11,5
20	23,7	23,3	23,0
30	35,5	35,0	34,5
40	47,3	46,7	46,0
50	59,2	58,3	57,5

	68	67	66
1	1,1	1,1	1,1
2	2,3	2,2	2,2
3	3,4	3,4	3,3
4	4,5	4,5	4,4
5	5,7	5,6	5,5
6	6,8	6,7	6,6
7	7,9	7,8	7,7
8	9,1	8,9	8,8
9	10,2	10,0	9,9
10	11,3	11,2	11,0
20	22,7	22,3	22,0
30	34,0	33,5	33,0
40	45,3	44,7	44,0
50	56,7	55,8	55,0

	3	2
1	0,0	0,0
2	0,1	0,1
3	0,2	0,1
4	0,2	0,1
5	0,2	0,2
6	0,3	0,2
7	0,4	0,2
8	0,4	0,3
9	0,4	0,3
10	0,5	0,3
20	1,0	0,7
30	1,5	1,0
40	2,0	1,3
50	2,5	1,7

P P

79°

11°

′	lg sin	d	lg tg	d c	lg ctg	lg cos	d	′
0	9.28060	65	9.28865	68	0.71135	9.99195	3	60
1	9.28125	65	9.28933	67	0.71067	9.99192	2	59
2	9.28190	64	9.29000	67	0.71000	9.99190	3	58
3	9.28254	65	9.29067	67	0.70933	9.99187	2	57
4	9.28319	65	9.29134	67	0.70866	9.99185	3	56
5	9.28384	64	9.29201	67	0.70799	9.99182	2	55
6	9.28448	64	9.29268	67	0.70732	9.99180	3	54
7	9.28512	65	9.29335	67	0.70665	9.99177	2	53
8	9.28577	64	9.29402	66	0.70598	9.99175	3	52
9	9.28641	64	9.29468	67	0.70532	9.99172	2	51
10	9.28705	64	9.29535	66	0.70465	9.99170	3	50
11	9.28769	64	9.29601	67	0.70399	9.99167	2	49
12	9.28833	63	9.29668	66	0.70332	9.99165	3	48
13	9.28896	64	9.29734	66	0.70266	9.99162	2	47
14	9.28960	64	9.29800	66	0.70200	9.99160	3	46
15	9.29024	63	9.29866	66	0.70134	9.99157	2	45
16	9.29087	63	9.29932	66	0.70068	9.99155	3	44
17	9.29150	64	9.29998	66	0.70002	9.99152	2	43
18	9.29214	63	9.30064	66	0.69936	9.99150	3	42
19	9.29277	63	9.30130	65	0.69870	9.99147	2	41
20	9.29340	63	9.30195	66	0.69805	9.99145	3	40
21	9.29403	63	9.30261	65	0.69739	9.99142	2	39
22	9.29466	63	9.30326	65	0.69674	9.99140	3	38
23	9.29529	62	9.30391	66	0.69609	9.99137	2	37
24	9.29591	63	9.30457	65	0.69543	9.99135	3	36
25	9.29654	62	9.30522	65	0.69478	9.99132	2	35
26	9.29716	63	9.30587	65	0.69413	9.99130	3	34
27	9.29779	62	9.30652	65	0.69348	9.99127	3	33
28	9.29841	62	9.30717	65	0.69283	9.99124	2	32
29	9.29903	63	9.30782	64	0.69218	9.99122	3	31
30	9.29966	62	9.30846	65	0.69154	9.99119	2	30
31	9.30028	62	9.30911	64	0.69089	9.99117	3	29
32	9.30090	61	9.30975	65	0.69025	9.99114	2	28
33	9.30151	62	9.31040	64	0.68960	9.99112	3	27
34	9.30213	62	9.31104	64	0.68896	9.99109	3	26
35	9.30275	61	9.31168	65	0.68832	9.99106	2	25
36	9.30336	62	9.31233	64	0.68767	9.99104	3	24
37	9.30398	61	9.31297	64	0.68703	9.99101	2	23
38	9.30459	62	9.31361	64	0.68639	9.99099	3	22
39	9.30521	61	9.31425	64	0.68575	9.99096	3	21
40	9.30582	61	9.31489	63	0.68511	9.99093	2	20
41	9.30643	61	9.31552	64	0.68448	9.99091	3	19
42	9.30704	61	9.31616	63	0.68384	9.99088	2	18
43	9.30765	61	9.31679	64	0.68321	9.99086	3	17
44	9.30826	61	9.31743	63	0.68257	9.99083	3	16
45	9.30887	60	9.31806	64	0.68194	9.99080	2	15
46	9.30947	61	9.31870	63	0.68130	9.99078	3	14
47	9.31008	60	9.31933	63	0.68067	9.99075	3	13
48	9.31068	61	9.31996	63	0.68004	9.99072	2	12
49	9.31129	60	9.32059	63	0.67941	9.99070	3	11
50	9.31189	61	9.32122	63	0.67878	9.99067	3	10
51	9.31250	60	9.32185	63	0.67815	9.99064	2	9
52	9.31310	60	9.32248	63	0.67752	9.99062	3	8
53	9.31370	60	9.32311	62	0.67689	9.99059	3	7
54	9.31430	60	9.32373	63	0.67627	9.99056	2	6
55	9.31490	59	9.32436	62	0.67564	9.99054	3	5
56	9.31549	60	9.32498	63	0.67502	9.99051	3	4
57	9.31609	60	9.32561	62	0.67439	9.99048	2	3
58	9.31669	59	9.32623	62	0.67377	9.99046	3	2
59	9.31728	60	9.32685	62	0.67315	9.99043	3	1
60	9.31788		9.32747		0.67253	9.99040		0
′	lg cos	d	lg ctg	d c	lg tg	lg sin	d	′

P P

	65	64	63
1	1,1	1,1	1,0
2	2,2	2,1	2,1
3	3,2	3,2	3,2
4	4,3	4,3	4,2
5	5,4	5,3	5,2
6	6,5	6,4	6,3
7	7,6	7,5	7,4
8	8,7	8,5	8,4
9	9,8	9,6	9,4
10	10,8	10,7	10,5
20	21,7	21,3	21,0
30	32,5	32,0	31,5
40	43,3	42,7	42,0
50	54,2	53,3	52,5

	62	61
1	1,0	1,0
2	2,1	2,0
3	3,1	3,0
4	4,1	4,1
5	5,2	5,1
6	6,2	6,1
7	7,2	7,1
8	8,3	8,1
9	9,3	9,2
10	10,3	10,2
20	20,7	20,3
30	31,0	30,5
40	41,3	40,7
50	51,7	50,8

	60	59
1	1,0	1,0
2	2,0	2,0
3	3,0	3,0
4	4,0	3,9
5	5,0	4,9
6	6,0	5,9
7	7,0	6,9
8	8,0	7,9
9	9,0	8,8
10	10,0	9,8
20	20,0	19,7
30	30,0	29,5
40	40,0	39,3
50	50,0	49,2

	3	2
1	0,0	0,0
2	0,1	0,1
3	0,2	0,1
4	0,2	0,1
5	0,2	0,2
6	0,3	0,2
7	0,4	0,2
8	0,4	0,3
9	0,4	0,3
10	0,5	0,3
20	1,0	0,7
30	1,5	1,0
40	2,0	1,3
50	2,5	1,7

P P

78°

12°

′	lg sin	d	lg tg	d c	lg ctg	lg cos	d	′
0	9.31 788		9.32 747		0.67 253	9.99 040		60
1	9.31 847	59	9.32 810	63	0.67 190	9.99 038	2	59
2	9.31 907	60	9.32 872	62	0.67 128	9.99 035̇	3	58
3	9.31 966	59	9.32 933	61	0.67 067	9.99 032	3	57
4	9.32 025̇	59	9.32 995̇	62	0.67 005̇	9.99 030	2	56
5	9.32 084	59	9.33 057	62	0.66 943	9.99 027	3	55
6	9.32 143	59	9.33 119	62	0.66 881	9.99 024	3	54
7	9.32 202	59	9.33 180	61	0.66 820	9.99 022	2	53
8	9.32 261	59	9.33 242	62	0.66 758	9.99 019	3	52
9	9.32 319	58	9.33 303	61	0.66 697	9.99 016	3	51
10	9.32 378	59	9.33 365	62	0.66 635̇	9.99 013	3	50
11	9.32 437	59	9.33 426	61	0.66 574	9.99 011	2	49
12	9.32 495̇	58	9.33 487	61	0.66 513	9.99 008	3	48
13	9.32 553	58	9.33 548	61	0.66 452	9.99 005̇	3	47
14	9.32 612	59	9.33 609	61	0.66 391	9.99 002	3	46
15	9.32 670	58	9.33 670	61	0.66 330	9.99 000	2	45
16	9.32 728	58	9.33 731	61	0.66 269	9.98 997	3	44
17	9.32 786	58	9.33 792	61	0.66 208	9.98 994	3	43
18	9.32 844	58	9.33 853	61	0.66 147	9.98 991	3	42
19	9.32 902	58	9.33 913	60	0.66 087	9.98 989	2	41
20	9.32 960	58	9.33 974	61	0.66 026	9.98 986	3	40
21	9.33 018	58	9.34 034	60	0.65 966	9.98 983	3	39
22	9.33 075̇	57	9.34 095̇	61	0.65 905̇	9.98 980	3	38
23	9.33 133	58	9.34 155̇	60	0.65 845̇	9.98 978	2	37
24	9.33 190	57	9.34 215̇	60	0.65 785̇	9.98 975̇	3	36
25	9.33 248	58	9.34 276	61	0.65 724	9.98 972	3	35
26	9.33 305̇	57	9.34 336	60	0.65 664	9.98 969	3	34
27	9.33 362	57	9.34 396	60	0.65 604	9.98 967	2	33
28	9.33 420	58	9.34 456	60	0.65 544	9.98 964	3	32
29	9.33 477	57	9.34 516	60	0.65 484	9.98 961	3	31
30	9.33 534	57	9.34 576	60	0.65 424	9.98 958	3	30
31	9.33 591	57	9.34 635̇	59	0.65 365̇	9.98 955̇	3	29
32	9.33 647	56	9.34 695̇	60	0.65 305̇	9.98 953	2	28
33	9.33 704	57	9.34 755̇	60	0.65 245̇	9.98 950	3	27
34	9.33 761	57	9.34 814	59	0.65 186	9.98 947	3	26
35	9.33 818	57	9.34 874	60	0.65 126	9.98 944	3	25
36	9.33 874	56	9.34 933	59	0.65 067	9.98 941	3	24
37	9.33 931	57	9.34 992	59	0.65 008	9.98 938	3	23
38	9.33 987	56	9.35 051	59	0.64 949	9.98 936	2	22
39	9.34 043	56	9.35 111	60	0.64 889	9.98 933	3	21
40	9.34 100	57	9.35 170	59	0.64 830	9.98 930	3	20
41	9.34 156	56	9.35 229	59	0.64 771	9.98 927	3	19
42	9.34 212	56	9.35 288	59	0.64 712	9.98 924	3	18
43	9.34 268	56	9.35 347	59	0.64 653	9.98 921	3	17
44	9.34 324	56	9.35 405̇	58	0.64 595̇	9.98 919	2	16
45	9.34 380	56	9.35 464	59	0.64 536	9.98 916	3	15
46	9.34 436	56	9.35 523	59	0.64 477	9.98 913	3	14
47	9.34 491	55	9.35 581	58	0.64 419	9.98 910	3	13
48	9.34 547	56	9.35 640	59	0.64 360	9.98 907	3	12
49	9.34 602	55	9.35 698	58	0.64 302	9.98 904	3	11
50	9.34 658	56	9.35 757	59	0.64 243	9.98 901	3	10
51	9.34 713	55	9.35 815	58	0.64 185̇	9.98 898	3	9
52	9.34 769	56	9.35 873	58	0.64 127	9.98 896	2	8
53	9.34 824	55	9.35 931	58	0.64 069	9.98 893	3	7
54	9.34 879	55	9.35 989	58	0.64 011	9.98 890	3	6
55	9.34 934	55	9.36 047	58	0.63 953	9.98 887	3	5
56	9.34 989	55	9.36 105̇	58	0.63 895̇	9.98 884	3	4
57	9.35 044	55	9.36 163	58	0.63 837	9.98 881	3	3
58	9.35 099	55	9.36 221	58	0.63 779	9.98 878	3	2
59	9.35 154	55	9.36 279	58	0.63 721	9.98 875̇	3	1
60	9.35 209	55	9.36 336	57	0.63 664	9.98 872	3	0
′	lg cos	d	lg ctg	d c	lg tg	lg sin	d	′

P P

	63	62	61
1	1,0	1,0	1,0
2	2,1	2,1	2,0
3	3,2	3,1	3,0
4	4,2	4,1	4,1
5	5,2	5,2	5,1
6	6,3	6,2	6,1
7	7,4	7,2	7,1
8	8,4	8,3	8,1
9	9,4	9,3	9,2
10	10,5	10,3	10,2
20	21,0	20,7	20,3
30	31,5	31,0	30,5
40	42,0	41,3	40,7
50	52,5	51,7	50,8

	60	59	58
1	1,0	1,0	1,0
2	2,0	2,0	1,9
3	3,0	3,0	2,9
4	4,0	3,9	3,9
5	5,0	4,9	4,8
6	6,0	5,9	5,8
7	7,0	6,9	6,8
8	8,0	7,9	7,7
9	9,0	8,8	8,7
10	10,0	9,8	9,7
20	20,0	19,7	19,3
30	30,0	29,5	29,0
40	40,0	39,3	38,7
50	50,0	49,2	48,3

	57	56	55
1	1,0	0,9	0,9
2	1,9	1,9	1,8
3	2,8	2,8	2,8
4	3,8	3,7	3,7
5	4,8	4,7	4,6
6	5,7	5,6	5,5
7	6,6	6,5̇	6,4
8	7,6	7,5	7,3
9	8,6	8,4	8,2
10	9,5	9,3	9,2
20	19,0	18,7	18,3
30	28,5	28,0	27,5
40	38,0	37,3	36,7
50	47,5	46,7	45,8

P P

77°

13°

′	lg sin	d	lg tg	d c	lg ctg	lg cos	d	′
0	9. 35 209	54	9. 36 336	58	0. 63 664	9. 98 872	3	60
1	9. 35 263	55	9. 36 394	58	0. 63 606	9. 98 869	2	59
2	9. 35 318	55	9. 36 452	57	0. 63 548	9. 98 867	3	58
3	9. 35 373	54	9. 36 509	57	0. 63 491	9. 98 864	3	57
4	9. 35 427	54	9. 36 566	58	0. 63 434	9. 98 861	3	56
5	9. 35 481	55	9. 36 624	57	0. 63 376	9. 98 858	3	55
6	9. 35 536	54	9. 36 681	57	0. 63 319	9. 98 855	3	54
7	9. 35 590	54	9. 36 738	57	0. 63 262	9. 98 852	3	53
8	9. 35 644	54	9. 36 795	57	0. 63 205	9. 98 849	3	52
9	9. 35 698	54	9. 36 852	57	0. 63 148	9. 98 846	3	51
10	9. 35 752	54	9. 36 909	57	0. 63 091	9. 98 843	3	50
11	9. 35 806	54	9. 36 966	57	0. 63 034	9. 98 840	3	49
12	9. 35 860	54	9. 37 023	57	0. 62 977	9. 98 837	3	48
13	9. 35 914	54	9. 37 080	57	0. 62 920	9. 98 834	3	47
14	9. 35 968	54	9. 37 137	56	0. 62 863	9. 98 831	3	46
15	9. 36 022	53	9. 37 193	57	0. 62 807	9. 98 828	3	45
16	9. 36 075	54	9. 37 250	56	0. 62 750	9. 98 825	3	44
17	9. 36 129	53	9. 37 306	57	0. 62 694	9. 98 822	3	43
18	9. 36 182	54	9. 37 363	56	0. 62 637	9. 98 819	3	42
19	9. 36 236	53	9. 37 419	57	0. 62 581	9. 98 816	3	41
20	9. 36 289	53	9. 37 476	56	0. 62 524	9. 98 813	3	40
21	9. 36 342	53	9. 37 532	56	0. 62 468	9. 98 810	3	39
22	9. 36 395	54	9. 37 588	56	0. 62 412	9. 98 807	3	38
23	9. 36 449	53	9. 37 644	56	0. 62 356	9. 98 804	3	37
24	9. 36 502	53	9. 37 700	56	0. 62 300	9. 98 801	3	36
25	9. 36 555	53	9. 37 756	56	0. 62 244	9. 98 798	3	35
26	9. 36 608	52	9. 37 812	56	0. 62 188	9. 98 795	3	34
27	9. 36 660	53	9. 37 868	56	0. 62 132	9. 98 792	3	33
28	9. 36 713	53	9. 37 924	56	0. 62 076	9. 98 789	3	32
29	9. 36 766	53	9. 37 980	55	0. 62 020	9. 98 786	3	31
30	9. 36 819	52	9. 38 035	56	0. 61 965	9. 98 783	3	30
31	9. 36 871	53	9. 38 091	56	0. 61 909	9. 98 780	3	29
32	9. 36 924	52	9. 38 147	55	0. 61 853	9. 98 777	3	28
33	9. 36 976	52	9. 38 202	55	0. 61 798	9. 98 774	3	27
34	9. 37 028	53	9. 38 257	56	0. 61 743	9. 98 771	3	26
35	9. 37 081	52	9. 38 313	55	0. 61 687	9. 98 768	3	25
36	9. 37 133	52	9. 38 368	55	0. 61 632	9. 98 765	3	24
37	9. 37 185	52	9. 38 423	56	0. 61 577	9. 98 762	3	23
38	9. 37 237	52	9. 38 479	55	0. 61 521	9. 98 759	3	22
39	9. 37 289	52	9. 38 534	55	0. 61 466	9. 98 756	3	21
40	9. 37 341	52	9. 38 589	55	0. 61 411	9. 98 753	3	20
41	9. 37 393	52	9. 38 644	55	0. 61 356	9. 98 750	4	19
42	9. 37 445	52	9. 38 699	55	0. 61 301	9. 98 746	3	18
43	9. 37 497	52	9. 38 754	54	0. 61 246	9. 98 743	3	17
44	9. 37 549	51	9. 38 808	55	0. 61 192	9. 98 740	3	16
45	9. 37 600	52	9. 38 863	55	0. 61 137	9. 98 737	3	15
46	9. 37 652	51	9. 38 918	54	0. 61 082	9. 98 734	3	14
47	9. 37 703	52	9. 38 972	55	0. 61 028	9. 98 731	3	13
48	9. 37 755	51	9. 39 027	55	0. 60 973	9. 98 728	3	12
49	9. 37 806	52	9. 39 082	54	0. 60 918	9. 98 725	3	11
50	9. 37 858	51	9. 39 136	54	0. 60 864	9. 98 722	3	10
51	9. 37 909	51	9. 39 190	55	0. 60 810	9. 98 719	4	9
52	9. 37 960	51	9. 39 245	54	0. 60 755	9. 98 715	3	8
53	9. 38 011	51	9. 39 299	54	0. 60 701	9. 98 712	3	7
54	9. 38 062	51	9. 39 353	54	0. 60 647	9. 98 709	3	6
55	9. 38 113	51	9. 39 407	54	0. 60 593	9. 98 706	3	5
56	9. 38 164	51	9. 39 461	54	0. 60 539	9. 98 703	3	4
57	9. 38 215	51	9. 39 515	54	0. 60 485	9. 98 700	3	3
58	9. 38 266	51	9. 39 569	54	0. 60 431	9. 98 697	3	2
59	9. 38 317	51	9. 39 623	54	0. 60 377	9. 98 694	4	1
60	9. 38 368		9. 39 677		0. 60 323	9. 98 690		0
′	lg cos	d	lg ctg	d c	lg tg	lg sin	d	′

P P

	57	56	55
1	1,0	0,9	0,9
2	1,9	1,9	1,8
3	2,8	2,8	2,8
4	3,8	3,7	3,7
5	4,8	4,7	4,6
6	5,7	5,6	5,5
7	6,6	6,5	6,4
8	7,6	7,5	7,3
9	8,6	8,4	8,2
10	9,5	9,3	9,2
20	19,0	18,7	18,3
30	28,5	28,0	27,5
40	38,0	37,3	36,7
50	47,5	46,7	45,8

	54	53
1	0,9	0,9
2	1,8	1,8
3	2,7	2,6
4	3,6	3,5
5	4,5	4,4
6	5,4	5,3
7	6,3	6,2
8	7,2	7,1
9	8,1	8,0
10	9,0	8,8
20	18,0	17,7
30	27,0	26,5
40	36,0	35,3
50	45,0	44,2

	52	51
1	0,9	0,8
2	1,7	1,7
3	2,6	2,6
4	3,5	3,4
5	4,3	4,2
6	5,2	5,1
7	6,1	6,0
8	6,9	6,8
9	7,8	7,6
10	8,7	8,5
20	17,3	17,0
30	26,0	25,5
40	34,7	34,0
50	43,3	42,5

	4	3	2
1	0,1	0,0	0,0
2	0,1	0,1	0,1
3	0,2	0,2	0,1
4	0,3	0,2	0,1
5	0,3	0,2	0,2
6	0,4	0,3	0,2
7	0,5	0,4	0,2
8	0,5	0,4	0,3
9	0,6	0,4	0,3
10	0,7	0,5	0,3
20	1,3	1,0	0,7
30	2,0	1,5	1,0
40	2,7	2,0	1,3
50	3,3	2,5	1,7

P P

76°

′	lg sin	d	lg tg	d c	lg ctg	lg cos	d	′
0	9. 38 368	50	9. 39 677	54	0. 60 323	9. 98 690	3	60
1	9. 38 418	51	9. 39 731	54	0. 60 269	9. 98 687	3	59
2	9. 38 469	50	9. 39 785	53	0. 60 215	9. 98 684	3	58
3	9. 38 519	51	9. 39 838	54	0. 60 162	9. 98 681	3	57
4	9. 38 570	50	9. 39 892	53	0. 60 108	9. 98 678	3	56
5	9. 38 620	50	9. 39 945	54	0. 60 055	9. 98 675	4	55
6	9. 38 670	51	9. 39 999	53	0. 60 001	9. 98 671	3	54
7	9. 38 721	50	9. 40 052	54	0. 59 948	9. 98 668	3	53
8	9. 38 771	50	9. 40 106	53	0. 59 894	9. 98 665	3	52
9	9. 38 821	50	9. 40 159	53	0. 59 841	9. 98 662	3	51
10	9. 38 871	50	9. 40 212	54	0. 59 788	9. 98 659	3	50
11	9. 38 921	50	9. 40 266	53	0. 59 734	9. 98 656	4	49
12	9. 38 971	50	9. 40 319	53	0. 59 681	9. 98 652	3	48
13	9. 39 021	50	9. 40 372	53	0. 59 628	9. 98 649	3	47
14	9. 39 071	50	9. 40 425	53	0. 59 575	9. 98 646	3	46
15	9. 39 121	49	9. 40 478	53	0. 59 522	9. 98 643	3	45
16	9. 39 170	50	9. 40 531	53	0. 59 469	9. 98 640	4	44
17	9. 39 220	50	9. 40 584	52	0. 59 416	9. 98 636	3	43
18	9. 39 270	49	9. 40 636	53	0. 59 364	9. 98 633	3	42
19	9. 39 319	50	9. 40 689	53	0. 59 311	9. 98 630	3	41
20	9. 39 369	49	9. 40 742	53	0. 59 258	9. 98 627	4	40
21	9. 39 418	49	9. 40 795	52	0. 59 205	9. 98 623	3	39
22	9. 39 467	50	9. 40 847	53	0. 59 153	9. 98 620	3	38
23	9. 39 517	49	9. 40 900	52	0. 59 100	9. 98 617	3	37
24	9. 39 566	49	9. 40 952	53	0. 59 048	9. 98 614	4	36
25	9. 39 615	49	9. 41 005	52	0. 58 995	9. 98 610	3	35
26	9. 39 664	49	9. 41 057	52	0. 58 943	9. 98 607	3	34
27	9. 39 713	49	9. 41 109	52	0. 58 891	9. 98 604	3	33
28	9. 39 762	49	9. 41 161	53	0. 58 839	9. 98 601	4	32
29	9. 39 811	49	9. 41 214	52	0. 58 786	9. 98 597	3	31
30	9. 39 860	49	9. 41 266	52	0. 58 734	9. 98 594	3	30
31	9. 39 909	49	9. 41 318	52	0. 58 682	9. 98 591	3	29
32	9. 39 958	48	9. 41 370	52	0. 58 630	9. 98 588	4	28
33	9. 40 006	49	9. 41 422	52	0. 58 578	9. 98 584	3	27
34	9. 40 055	48	9. 41 474	52	0. 58 526	9. 98 581	3	26
35	9. 40 103	49	9. 41 526	52	0. 58 474	9. 98 578	4	25
36	9. 40 152	48	9. 41 578	51	0. 58 422	9. 98 574	3	24
37	9. 40 200	49	9. 41 629	52	0. 58 371	9. 98 571	3	23
38	9. 40 249	48	9. 41 681	52	0. 58 319	9. 98 568	3	22
39	9. 40 297	49	9. 41 733	51	0. 58 267	9. 98 565	4	21
40	9. 40 346	48	9. 41 784	52	0. 58 216	9. 98 561	3	20
41	9. 40 394	48	9. 41 836	51	0. 58 164	9. 98 558	3	19
42	9. 40 442	48	9. 41 887	52	0. 58 113	9. 98 555	4	18
43	9. 40 490	48	9. 41 939	51	0. 58 061	9. 98 551	3	17
44	9. 40 538	48	9. 41 990	51	0. 58 010	9. 98 548	3	16
45	9. 40 586	48	9. 42 041	52	0. 57 959	9. 98 545	4	15
46	9. 40 634	48	9. 42 093	51	0. 57 907	9. 98 541	3	14
47	9. 40 682	48	9. 42 144	51	0. 57 856	9. 98 538	3	13
48	9. 40 730	48	9. 42 195	51	0. 57 805	9. 98 535	4	12
49	9. 40 778	47	9. 42 246	51	0. 57 754	9. 98 531	3	11
50	9. 40 825	48	9. 42 297	51	0. 57 703	9. 98 528	3	10
51	9. 40 873	48	9. 42 348	51	0. 57 652	9. 98 525	4	9
52	9. 40 921	47	9. 42 399	51	0. 57 601	9. 98 521	3	8
53	9. 40 968	48	9. 42 450	51	0. 57 550	9. 98 518	3	7
54	9. 41 016	47	9. 42 501	51	0. 57 499	9. 98 515	4	6
55	9. 41 063	48	9. 42 552	51	0. 57 448	9. 98 511	3	5
56	9. 41 111	47	9. 42 603	50	0. 57 397	9. 98 508	3	4
57	9. 41 158	47	9. 42 653	51	0. 57 347	9. 98 505	4	3
58	9. 41 205	47	9. 42 704	51	0. 57 296	9. 98 501	3	2
59	9. 41 252	48	9. 42 755	50	0. 57 245	9. 98 498	4	1
60	9. 41 300		9. 42 805		0. 57 195	9. 98 494		0
′	lg cos	d	lg ctg	d c	lg tg	lg sin	d	′

P P

	54	53	52
1	0,9	0,9	0,9
2	1,8	1,8	1,7
3	2,7	2,6	2,6
4	3,6	3,5	3,5
5	4,5	4,4	4,3
6	5,4	5,3	5,2
7	6,3	6,2	6,1
8	7,2	7,1	6,9
9	8,1	8,0	7,8
10	9,0	8,8	8,7
20	18,0	17,7	17,3
30	27,0	26,5	26,0
40	36,0	35,3	34,7
50	45,0	44,2	43,3

	51	50	49
1	0,8	0,8	0,8
2	1,7	1,7	1,6
3	2,6	2,5	2,4
4	3,4	3,3	3,3
5	4,2	4,2	4,1
6	5,1	5,0	4,9
7	6,0	5,8	5,7
8	6,8	6,7	6,5
9	7,6	7,5	7,4
10	8,5	8,3	8,2
20	17,0	16,7	16,3
30	25,5	25,0	24,5
40	34,0	33,3	32,7
50	42,5	41,7	40,8

	48	47
1	0,8	0,8
2	1,6	1,6
3	2,4	2,4
4	3,2	3,1
5	4,0	3,9
6	4,8	4,7
7	5,6	5,5
8	6,4	6,3
9	7,2	7,0
10	8,0	7,8
20	16,0	15,7
30	24,0	23,5
40	32,0	31,3
50	40,0	39,2

	4	3
1	0,1	0,0
2	0,1	0,1
3	0,2	0,2
4	0,3	0,2
5	0,3	0,2
6	0,4	0,3
7	0,5	0,4
8	0,5	0,4
9	0,6	0,4
10	0,7	0,5
20	1,3	1,0
30	2,0	1,5
40	2,7	2,0
50	3,3	2,5

P P

15°

′	lg sin	d	lg tg	d c	lg ctg	lg cos	d	′
0	9.41 300		9.42 805		0.57 195	9.98 494		60
1	9.41 347	47	9.42 856	51	0.57 144	9.98 491	3	59
2	9.41 394	47	9.42 906	50	0.57 094	9.98 488	3	58
3	9.41 441	47	9.42 957	51	0.57 043	9.98 484	4	57
4	9.41 488	47	9.43 007	50	0.56 993	9.98 481	3	56
5	9.41 535	47	9.43 057	50	0.56 943	9.98 477	4	55
6	9.41 582	47	9.43 108	51	0.56 892	9.98 474	3	54
7	9.41 628	46	9.43 158	50	0.56 842	9.98 471	3	53
8	9.41 675	47	9.43 208	50	0.56 792	9.98 467	4	52
9	9.41 722	47	9.43 258	50	0.56 742	9.98 464	3	51
10	9.41 768	46	9.43 308	50	0.56 692	9.98 460	4	50
11	9.41 815	47	9.43 358	50	0.56 642	9.98 457	3	49
12	9.41 861	46	9.43 408	50	0.56 592	9.98 453	4	48
13	9.41 908	47	9.43 458	50	0.56 542	9.98 450	3	47
14	9.41 954	46	9.43 508	50	0.56 492	9.98 447	3	46
15	9.42 001	47	9.43 558	50	0.56 442	9.98 443	4	45
16	9.42 047	46	9.43 607	49	0.56 393	9.98 440	3	44
17	9.42 093	46	9.43 657	50	0.56 343	9.98 436	4	43
18	9.42 140	47	9.43 707	50	0.56 293	9.98 433	3	42
19	9.42 186	46	9.43 756	49	0.56 244	9.98 429	4	41
20	9.42 232	46	9.43 806	50	0.56 194	9.98 426	3	40
21	9.42 278	46	9.43 855	49	0.56 145	9.98 422	4	39
22	9.42 324	46	9.43 905	50	0.56 095	9.98 419	3	38
23	9.42 370	46	9.43 954	49	0.56 046	9.98 415	4	37
24	9.42 416	46	9.44 004	50	0.55 996	9.98 412	3	36
25	9.42 461	45	9.44 053	49	0.55 947	9.98 409	3	35
26	9.42 507	46	9.44 102	49	0.55 898	9.98 405	4	34
27	9.42 553	46	9.44 151	49	0.55 849	9.98 402	3	33
28	9.42 599	46	9.44 201	50	0.55 799	9.98 398	4	32
29	9.42 644	45	9.44 250	49	0.55 750	9.98 395	3	31
30	9.42 690	46	9.44 299	49	0.55 701	9.98 391	4	30
31	9.42 735	45	9.44 348	49	0.55 652	9.98 388	3	29
32	9.42 781	46	9.44 397	49	0.55 603	9.98 384	4	28
33	9.42 826	45	9.44 446	49	0.55 554	9.98 381	3	27
34	9.42 872	46	9.44 495	49	0.55 505	9.98 377	4	26
35	9.42 917	45	9.44 544	49	0.55 456	9.98 373	4	25
36	9.42 962	45	9.44 592	48	0.55 408	9.98 370	3	24
37	9.43 008	46	9.44 641	49	0.55 359	9.98 366	4	23
38	9.43 053	45	9.44 690	49	0.55 310	9.98 363	3	22
39	9.43 098	45	9.44 738	48	0.55 262	9.98 359	4	21
40	9.43 143	45	9.44 787	49	0.55 213	9.98 356	3	20
41	9.43 188	45	9.44 836	49	0.55 164	9.98 352	4	19
42	9.43 233	45	9.44 884	48	0.55 116	9.98 349	3	18
43	9.43 278	45	9.44 933	49	0.55 067	9.98 345	4	17
44	9.43 323	45	9.44 981	48	0.55 019	9.98 342	3	16
45	9.43 367	44	9.45 029	48	0.54 971	9.98 338	4	15
46	9.43 412	45	9.45 078	49	0.54 922	9.98 334	4	14
47	9.43 457	45	9.45 126	48	0.54 874	9.98 331	3	13
48	9.43 502	45	9.45 174	48	0.54 826	9.98 327	4	12
49	9.43 546	44	9.45 222	48	0.54 778	9.98 324	3	11
50	9.43 591	45	9.45 271	49	0.54 729	9.98 320	4	10
51	9.43 635	44	9.45 319	48	0.54 681	9.98 317	3	9
52	9.43 680	45	9.45 367	48	0.54 633	9.98 313	4	8
53	9.43 724	44	9.45 415	48	0.54 585	9.98 309	4	7
54	9.43 769	45	9.45 463	48	0.54 537	9.98 306	3	6
55	9.43 813	44	9.45 511	48	0.54 489	9.98 302	4	5
56	9.43 857	44	9.45 559	48	0.54 441	9.98 299	3	4
57	9.43 901	44	9.45 606	47	0.54 394	9.98 295	4	3
58	9.43 946	45	9.45 654	48	0.54 346	9.98 291	4	2
59	9.43 990	44	9.45 702	48	0.54 298	9.98 288	3	1
60	9.44 034	44	9.45 750	48	0.54 250	9.98 284	4	0
′	lg cos	d	lg ctg	d c	lg tg	lg sin	d	′

P P

	51	50	49
1	0,8	0,8	0,8
2	1,7	1,7	1,6
3	2,6	2,5	2,4
4	3,4	3,3	3,3
5	4,2	4,2	4,1
6	5,1	5,0	4,9
7	6,0	5,8	5,7
8	6,8	6,7	6,5
9	7,6	7,5	7,4
10	8,5	8,3	8,2
20	17,0	16,7	16,3
30	25,5	25,0	24,5
40	34,0	33,3	32,7
50	42,5	41,7	40,8

	48	47	46
1	0,8	0,8	0,8
2	1,6	1,6	1,5
3	2,4	2,4	2,3
4	3,2	3,1	3,1
5	4,0	3,9	3,8
6	4,8	4,7	4,6
7	5,6	5,5	5,4
8	6,4	6,3	6,1
9	7,2	7,0	6,9
10	8,0	7,8	7,7
20	16,0	15,7	15,3
30	24,0	23,5	23,0
40	32,0	31,3	30,7
50	40,0	39,2	38,3

	45	44
1	0,8	0,7
2	1,5	1,5
3	2,2	2,2
4	3,0	2,9
5	3,8	3,7
6	4,5	4,4
7	5,2	5,1
8	6,0	5,9
9	6,8	6,6
10	7,5	7,3
20	15,0	14,7
30	22,5	22,0
40	30,0	29,3
50	37,5	36,7

	4	3
1	0,1	0,0
2	0,1	0,1
3	0,2	0,2
4	0,3	0,2
5	0,3	0,2
6	0,4	0,3
7	0,5	0,4
8	0,5	0,4
9	0,6	0,4
10	0,7	0,5
20	1,3	1,0
30	2,0	1,5
40	2,7	2,0
50	3,3	2,5

P P

74°

′	lg sin	d	lg tg	d c	lg ctg	lg cos	d	′
0	9. 44 034	44	9. 45 750	47	0. 54 250	9. 98 284	3	60
1	9. 44 078	44	9. 45 797	48	0. 54 203	9. 98 281	4	59
2	9. 44 122	44	9. 45 845	47	0. 54 155	9. 98 277	4	58
3	9. 44 166	44	9. 45 892	48	0. 54 108	9. 98 273	3	57
4	9. 44 210	43	9. 45 940	47	0. 54 060	9. 98 270	4	56
5	9. 44 253	44	9. 45 987	48	0. 54 013	9. 98 266	4	55
6	9. 44 297	44	9. 46 035	47	0. 53 965	9. 98 262	3	54
7	9. 44 341	44	9. 46 082	48	0. 53 918	9. 98 259	4	53
8	9. 44 385	43	9. 46 130	47	0. 53 870	9. 98 255	4	52
9	9. 44 428	44	9. 46 177	47	0. 53 823	9. 98 251	3	51
10	9. 44 472	44	9. 46 224	47	0. 53 776	9. 98 248	4	50
11	9. 44 516	43	9. 46 271	48	0. 53 729	9. 98 244	4	49
12	9. 44 559	43	9. 46 319	47	0. 53 681	9. 98 240	3	48
13	9. 44 602	44	9. 46 366	47	0. 53 634	9. 98 237	4	47
14	9. 44 646	43	9. 46 413	47	0. 53 587	9. 98 233	4	46
15	9. 44 689	44	9. 46 460	47	0. 53 540	9. 98 229	3	45
16	9. 44 733	43	9. 46 507	47	0. 53 493	9. 98 226	4	44
17	9. 44 776	43	9. 46 554	47	0. 53 446	9. 98 222	4	43
18	9. 44 819	43	9. 46 601	47	0. 53 399	9. 98 218	3	42
19	9. 44 862	43	9. 46 648	46	0. 53 352	9. 98 215	4	41
20	9. 44 905	43	9. 46 694	47	0. 53 306	9. 98 211	4	40
21	9. 44 948	44	9. 46 741	47	0. 53 259	9. 98 207	3	39
22	9. 44 992	43	9. 46 788	47	0. 53 212	9. 98 204	4	38
23	9. 45 035	42	9. 46 835	46	0. 53 165	9. 98 200	4	37
24	9. 45 077	43	9. 46 881	47	0. 53 119	9. 98 196	4	36
25	9. 45 120	43	9. 46 928	47	0. 53 072	9. 98 192	3	35
26	9. 45 163	43	9. 46 975	46	0. 53 025	9. 98 189	4	34
27	9. 45 206	43	9. 47 021	47	0. 52 979	9. 98 185	4	33
28	9. 45 249	43	9. 47 068	46	0. 52 932	9. 98 181	4	32
29	9. 45 292	42	9. 47 114	46	0. 52 886	9. 98 177	3	31
30	9. 45 334	43	9. 47 160	47	0. 52 840	9. 98 174	4	30
31	9. 45 377	42	9. 47 207	46	0. 52 793	9. 98 170	4	29
32	9. 45 419	43	9. 47 253	46	0. 52 747	9. 98 166	4	28
33	9. 45 462	42	9. 47 299	47	0. 52 701	9. 98 162	3	27
34	9. 45 504	43	9. 47 346	46	0. 52 654	9. 98 159	4	26
35	9. 45 547	42	9. 47 392	46	0. 52 608	9. 98 155	4	25
36	9. 45 589	43	9. 47 438	46	0. 52 562	9. 98 151	4	24
37	9. 45 632	42	9. 47 484	46	0. 52 516	9. 98 147	3	23
38	9. 45 674	42	9. 47 530	46	0. 52 470	9. 98 144	4	22
39	9. 45 716	42	9. 47 576	46	0. 52 424	9. 98 140	4	21
40	9. 45 758	43	9. 47 622	46	0. 52 378	9. 98 136	4	20
41	9. 45 801	42	9. 47 668	46	0. 52 332	9. 98 132	3	19
42	9. 45 843	42	9. 47 714	46	0. 52 286	9. 98 129	4	18
43	9. 45 885	42	9. 47 760	46	0. 52 240	9. 98 125	4	17
44	9. 45 927	42	9. 47 806	46	0. 52 194	9. 98 121	4	16
45	9. 45 969	42	9. 47 852	45	0. 52 148	9. 98 117	4	15
46	9. 46 011	42	9. 47 897	46	0. 52 103	9. 98 113	3	14
47	9. 46 053	42	9. 47 943	46	0. 52 057	9. 98 110	4	13
48	9. 46 095	41	9. 47 989	46	0. 52 011	9. 98 106	4	12
49	9. 46 136	42	9. 48 035	45	0. 51 965	9. 98 102	4	11
50	9. 46 178	42	9. 48 080	46	0. 51 920	9. 98 098	4	10
51	9. 46 220	42	9. 48 126	45	0. 51 874	9. 98 094	4	9
52	9. 46 262	41	9. 48 171	46	0. 51 829	9. 98 090	3	8
53	9. 46 303	42	9. 48 217	45	0. 51 783	9. 98 087	4	7
54	9. 46 345	41	9. 48 262	45	0. 51 738	9. 98 083	4	6
55	9. 46 386	42	9. 48 307	46	0. 51 693	9. 98 079	4	5
56	9. 46 428	41	9. 48 353	45	0. 51 647	9. 98 075	4	4
57	9. 46 469	42	9. 48 398	45	0. 51 602	9. 98 071	4	3
58	9. 46 511	41	9. 48 443	46	0. 51 557	9. 98 067	4	2
59	9. 46 552	42	9. 48 489	45	0. 51 511	9. 98 063	3	1
60	9. 46 594		9. 48 534		0. 51 466	9. 98 060		0
′	lg cos	d	lg ctg	d c	lg tg	lg sin	d	′

P P

	48	47	46
1	0,8	0,8	0,8
2	1,6	1,6	1,5
3	2,4	2,4	2,3
4	3,2	3,1	3,1
5	4,0	3,9	3,8
6	4,8	4,7	4,6
7	5,6	5,5	5,4
8	6,4	6,3	6,1
9	7,2	7,0	6,9
10	8,0	7,8	7,7
20	16,0	15,7	15,3
30	24,0	23,5	23,0
40	32,0	31,3	30,7
50	40,0	39,2	38,3

	45	44	43
1	0,8	0,7	0,7
2	1,5	1,5	1,4
3	2,2	2,2	2,2
4	3,0	2,9	2,9
5	3,8	3,7	3,6
6	4,5	4,4	4,3
7	5,2	5,1	5,0
8	6,0	5,9	5,7
9	6,8	6,6	6,4
10	7,5	7,3	7,2
20	15,0	14,7	14,3
30	22,5	22,0	21,5
40	30,0	29,3	28,7
50	37,5	36,7	35,8

	42	41
1	0,7	0,7
2	1,4	1,4
3	2,1	2,0
4	2,8	2,7
5	3,5	3,4
6	4,2	4,1
7	4,9	4,8
8	5,6	5,5
9	6,3	6,2
10	7,0	6,8
20	14,0	13,7
30	21,0	20,5
40	28,0	27,3
50	35,0	34,2

	4	3
1	0,1	0,0
2	0,1	0,1
3	0,2	0,2
4	0,3	0,2
5	0,3	0,2
6	0,4	0,3
7	0,5	0,4
8	0,5	0,4
9	0,6	0,4
10	0,7	0,5
20	1,3	1,0
30	2,0	1,5
40	2,7	2,0
50	3,3	2,5

P P

17°

′	lg sin	d	lg tg	d c	lg ctg	lg cos	d	′
0	9.46 594		9.48 534		0.51 466	9.98 060		60
1	9.46 635	41	9.48 579	45	0.51 421	9.98 056	4	59
2	9.46 676	41	9.48 624	45	0.51 376	9.98 052	4	58
3	9.46 717	41	9.48 669	45	0.51 331	9.98 048	4	57
4	9.46 758	41	9.48 714	45	0.51 286	9.98 044	4	56
5	9.46 800	42	9.48 759	45	0.51 241	9.98 040	4	55
6	9.46 841	41	9.48 804	45	0.51 196	9.98 036	4	54
7	9.46 882	41	9.48 849	45	0.51 151	9.98 032	4	53
8	9.46 923	41	9.48 894	45	0.51 106	9.98 029	3	52
9	9.46 964	41	9.48 939	45	0.51 061	9.98 025	4	51
10	9.47 005	41	9.48 984	45	0.51 016	9.98 021	4	50
11	9.47 045	40	9.49 029	45	0.50 971	9.98 017	4	49
12	9.47 086	41	9.49 073	44	0.50 927	9.98 013	4	48
13	9.47 127	41	9.49 118	45	0.50 882	9.98 009	4	47
14	9.47 168	41	9.49 163	45	0.50 837	9.98 005	4	46
15	9.47 209	41	9.49 207	44	0.50 793	9.98 001	4	45
16	9.47 249	40	9.49 252	45	0.50 748	9.97 997	4	44
17	9.47 290	41	9.49 296	44	0.50 704	9.97 993	4	43
18	9.47 330	40	9.49 341	45	0.50 659	9.97 989	4	42
19	9.47 371	41	9.49 385	44	0.50 615	9.97 986	3	41
20	9.47 411	40	9.49 430	45	0.50 570	9.97 982	4	40
21	9.47 452	41	9.49 474	44	0.50 526	9.97 978	4	39
22	9.47 492	40	9.49 519	45	0.50 481	9.97 974	4	38
23	9.47 533	41	9.49 563	44	0.50 437	9.97 970	4	37
24	9.47 573	40	9.49 607	44	0.50 393	9.97 966	4	36
25	9.47 613	40	9.49 652	45	0.50 348	9.97 962	4	35
26	9.47 654	41	9.49 696	44	0.50 304	9.97 958	4	34
27	9.47 694	40	9.49 740	44	0.50 260	9.97 954	4	33
28	9.47 734	40	9.49 784	44	0.50 216	9.97 950	4	32
29	9.47 774	40	9.49 828	44	0.50 172	9.97 946	4	31
30	9.47 814	40	9.49 872	44	0.50 128	9.97 942	4	30
31	9.47 854	40	9.49 916	44	0.50 084	9.97 938	4	29
32	9.47 894	40	9.49 960	44	0.50 040	9.97 934	4	28
33	9.47 934	40	9.50 004	44	0.49 996	9.97 930	4	27
34	9.47 974	40	9.50 048	44	0.49 952	9.97 926	4	26
35	9.48 014	40	9.50 092	44	0.49 908	9.97 922	4	25
36	9.48 054	40	9.50 136	44	0.49 864	9.97 918	4	24
37	9.48 094	40	9.50 180	44	0.49 820	9.97 914	4	23
38	9.48 133	39	9.50 223	43	0.49 777	9.97 910	4	22
39	9.48 173	40	9.50 267	44	0.49 733	9.97 906	4	21
40	9.48 213	40	9.50 311	44	0.49 689	9.97 902	4	20
41	9.48 252	39	9.50 355	44	0.49 645	9.97 898	4	19
42	9.48 292	40	9.50 398	43	0.49 602	9.97 894	4	18
43	9.48 332	40	9.50 442	44	0.49 558	9.97 890	4	17
44	9.48 371	39	9.50 485	43	0.49 515	9.97 886	4	16
45	9.48 411	40	9.50 529	44	0.49 471	9.97 882	4	15
46	9.48 450	39	9.50 572	43	0.49 428	9.97 878	4	14
47	9.48 490	40	9.50 616	44	0.49 384	9.97 874	4	13
48	9.48 529	39	9.50 659	43	0.49 341	9.97 870	4	12
49	9.48 568	39	9.50 703	44	0.49 297	9.97 866	4	11
50	9.48 607	39	9.50 746	43	0.49 254	9.97 861	5	10
51	9.48 647	40	9.50 789	43	0.49 211	9.97 857	4	9
52	9.48 686	39	9.50 833	44	0.49 167	9.97 853	4	8
53	9.48 725	39	9.50 876	43	0.49 124	9.97 849	4	7
54	9.48 764	39	9.50 919	43	0.49 081	9.97 845	4	6
55	9.48 803	39	9.50 962	43	0.49 038	9.97 841	4	5
56	9.48 842	39	9.51 005	43	0.48 995	9.97 837	4	4
57	9.48 881	39	9.51 048	43	0.48 952	9.97 833	4	3
58	9.48 920	39	9.51 092	44	0.48 908	9.97 829	4	2
59	9.48 959	39	9.51 135	43	0.48 865	9.97 825	4	1
60	9.48 998	39	9.51 178	43	0.48 822	9.97 821	4	0
′	lg cos	d	lg ctg	d c	lg tg	lg sin	d	′

P P

	45	44	43
1	0,8	0,7	0,7
2	1,5	1,5	1,4
3	2,2	2,2	2,2
4	3,0	2,9	2,9
5	3,8	3,7	3,6
6	4,5	4,4	4,3
7	5,2	5,1	5,0
8	6,0	5,9	5,7
9	6,8	6,6	6,4
10	7,5	7,3	7,2
20	15,0	14,7	14,3
30	22,5	22,0	21,5
40	30,0	29,3	28,7
50	37,5	36,7	35,8

	42	41
1	0,7	0,7
2	1,4	1,4
3	2,1	2,0
4	2,8	2,7
5	3,5	3,4
6	4,2	4,1
7	4,9	4,8
8	5,6	5,5
9	6,3	6,2
10	7,0	6,8
20	14,0	13,7
30	21,0	20,5
40	28,0	27,3
50	35,0	34,2

	40	39
1	0,7	0,6
2	1,3	1,3
3	2,0	2,0
4	2,7	2,6
5	3,3	3,2
6	4,0	3,9
7	4,7	4,6
8	5,3	5,2
9	6,0	5,8
10	6,7	6,5
20	13,3	13,0
30	20,0	19,5
40	26,7	26,0
50	33,3	32,5

	5	4	3
1	0,1	0,1	0,0
2	0,2	0,1	0,1
3	0,2	0,2	0,2
4	0,3	0,3	0,2
5	0,4	0,3	0,2
6	0,5	0,4	0,3
7	0,6	0,5	0,4
8	0,7	0,5	0,4
9	0,8	0,6	0,4
10	0,8	0,7	0,5
20	1,7	1,3	1,0
30	2,5	2,0	1,5
40	3,3	2,7	2,0
50	4,2	3,3	2,5

P P

72°

18°

′	lg sin	d	lg tg	d c	lg ctg	lg cos	d	′
0	9. 48 998	39	9. 51 178	43	0. 48 822	9. 97 821	4	60
1	9. 49 037	39	9. 51 221	43	0. 48 779	9. 97 817	5	59
2	9. 49 076	39	9. 51 264	42	0. 48 736	9. 97 812	4	58
3	9. 49 115	38	9. 51 306	43	0. 48 694	9. 97 808	4	57
4	9. 49 153	39	9. 51 349	43	0. 48 651	9. 97 804	4	56
5	9. 49 192	39	9. 51 392	43	0. 48 608	9. 97 800	4	55
6	9. 49 231	38	9. 51 435	43	0. 48 565	9. 97 796	4	54
7	9. 49 269	39	9. 51 478	42	0. 48 522	9. 97 792	4	53
8	9. 49 308	39	9. 51 520	43	0. 48 480	9. 97 788	4	52
9	9. 49 347	38	9. 51 563	43	0. 48 437	9. 97 784	5	51
10	9. 49 385	39	9. 51 606	42	0. 48 394	9. 97 779	4	50
11	9. 49 424	38	9. 51 648	43	0. 48 352	9. 97 775	4	49
12	9. 49 462	38	9. 51 691	43	0. 48 309	9. 97 771	4	48
13	9. 49 500	39	9. 51 734	42	0. 48 266	9. 97 767	4	47
14	9. 49 539	38	9. 51 776	43	0. 48 224	9. 97 763	4	46
15	9. 49 577	38	9. 51 819	42	0. 48 181	9. 97 759	5	45
16	9. 49 615	39	9. 51 861	42	0. 48 139	9. 97 754	4	44
17	9. 49 654	38	9. 51 903	43	0. 48 097	9. 97 750	4	43
18	9. 49 692	38	9. 51 946	42	0. 48 054	9. 97 746	4	42
19	9. 49 730	38	9. 51 988	43	0. 48 012	9. 97 742	4	41
20	9. 49 768	38	9. 52 031	42	0. 47 969	9. 97 738	4	40
21	9. 49 806	38	9. 52 073	42	0. 47 927	9. 97 734	5	39
22	9. 49 844	38	9. 52 115	42	0. 47 885	9. 97 729	4	38
23	9. 49 882	38	9. 52 157	43	0. 47 843	9. 97 725	4	37
24	9. 49 920	38	9. 52 200	42	0. 47 800	9. 97 721	4	36
25	9. 49 958	38	9. 52 242	42	0. 47 758	9. 97 717	4	35
26	9. 49 996	38	9. 52 284	42	0. 47 716	9. 97 713	5	34
27	9. 50 034	38	9. 52 326	42	0. 47 674	9. 97 708	4	33
28	9. 50 072	38	9. 52 368	42	0. 47 632	9. 97 704	4	32
29	9. 50 110	38	9. 52 410	42	0. 47 590	9. 97 700	4	31
30	9. 50 148	37	9. 52 452	42	0. 47 548	9. 97 696	5	30
31	9. 50 185	38	9. 52 494	42	0. 47 506	9. 97 691	4	29
32	9. 50 223	38	9. 52 536	42	0. 47 464	9. 97 687	4	28
33	9. 50 261	37	9. 52 578	42	0. 47 422	9. 97 683	4	27
34	9. 50 298	38	9. 52 620	41	0. 47 380	9. 97 679	5	26
35	9. 50 336	38	9. 52 661	42	0. 47 339	9. 97 674	4	25
36	9. 50 374	37	9. 52 703	42	0. 47 297	9. 97 670	4	24
37	9. 50 411	38	9. 52 745	42	0. 47 255	9. 97 666	4	23
38	9. 50 449	37	9. 52 787	42	0. 47 213	9. 97 662	5	22
39	9. 50 486	37	9. 52 829	41	0. 47 171	9. 97 657	4	21
40	9. 50 523	38	9. 52 870	42	0. 47 130	9. 97 653	4	20
41	9. 50 561	37	9. 52 912	41	0. 47 088	9. 97 649	4	19
42	9. 50 598	37	9. 52 953	42	0. 47 047	9. 97 645	5	18
43	9. 50 635	38	9. 52 995	42	0. 47 005	9. 97 640	4	17
44	9. 50 673	37	9. 53 037	41	0. 46 963	9. 97 636	4	16
45	9. 50 710	37	9. 53 078	42	0. 46 922	9. 97 632	4	15
46	9. 50 747	37	9. 53 120	41	0. 46 880	9. 97 628	5	14
47	9. 50 784	37	9. 53 161	41	0. 46 839	9. 97 623	4	13
48	9. 50 821	37	9. 53 202	42	0. 46 798	9. 97 619	4	12
49	9. 50 858	38	9. 53 244	41	0. 46 756	9. 97 615	5	11
50	9. 50 896	37	9. 53 285	42	0. 46 715	9. 97 610	4	10
51	9. 50 933	37	9. 53 327	41	0. 46 673	9. 97 606	4	9
52	9. 50 970	37	9. 53 368	41	0. 46 632	9. 97 602	5	8
53	9. 51 007	36	9. 53 409	41	0. 46 591	9. 97 597	4	7
54	9. 51 043	37	9. 53 450	42	0. 46 550	9. 97 593	4	6
55	9. 51 080	37	9. 53 492	41	0. 46 508	9. 97 589	5	5
56	9. 51 117	37	9. 53 533	41	0. 46 467	9. 97 584	4	4
57	9. 51 154	37	9. 53 574	41	0. 46 426	9. 97 580	4	3
58	9. 51 191	36	9. 53 615	41	0. 46 385	9. 97 576	5	2
59	9. 51 227	37	9. 53 656	41	0. 46 344	9. 97 571	4	1
60	9. 51 264		9. 53 697		0. 46 303	9. 97 567		0
′	lg cos	d	lg ctg	d c	lg tg	lg sin	d	′

P P

	43	42	41
1	0,7	0,7	0,7
2	1,4	1,4	1,4
3	2,2	2,1	2,0
4	2,9	2,8	2,7
5	3,6	3,5	3,4
6	4,3	4,2	4,1
7	5,0	4,9	4,8
8	5,7	5,6	5,5
9	6,4	6,3	6,2
10	7,2	7,0	6,8
20	14,3	14,0	13,7
30	21,5	21,0	20,5
40	28,7	28,0	27,3
50	35,8	35,0	34,2

		38
1	0,6	0,6
2	1,3	1,3
3	2,0	1,9
4	2,6	2,5
5	3,2	3,2
6	3,9	3,8
7	4,6	4,4
8	5,2	5,1
9	5,8	5,7
10	6,5	6,3
20	13,0	12,7
30	19,5	19,0
40	26,0	25,3
50	32,5	31,7

	37	36
1	0,6	0,6
2	1,2	1,2
3	1,8	1,8
4	2,5	2,4
5	3,1	3,0
6	3,7	3,6
7	4,3	4,2
8	4,9	4,8
9	5,6	5,4
10	6,2	6,0
20	12,3	12,0
30	18,5	18,0
40	24,7	24,0
50	30,8	30,0

	5	4
1	0,1	0,1
2	0,2	0,1
3	0,2	0,2
4	0,3	0,3
5	0,4	0,3
6	0,5	0,4
7	0,6	0,5
8	0,7	0,5
9	0,8	0,6
10	0,8	0,7
20	1,7	1,3
30	2,5	2,0
40	3,3	2,7
50	4,2	3,3

P P

71°

19°

′	lg sin	d	lg tg	d c	lg ctg	lg cos	d	′
0	9. 51 264		9. 53 697		0. 46 303	9. 97 567		60
1	9. 51 301	37	9. 53 738	41	0. 46 262	9. 97 563	4	59
2	9. 51 338	37	9. 53 779	41	0. 46 221	9. 97 558	5	58
3	9. 51 374	36	9. 53 820	41	0. 46 180	9. 97 554	4	57
4	9. 51 411	37	9. 53 861	41	0. 46 139	9. 97 550	4	56
5	9. 51 447	36	9. 53 902	41	0. 46 098	9. 97 545	5	55
6	9. 51 484	37	9. 53 943	41	0. 46 057	9. 97 541	4	54
7	9. 51 520	36	9. 53 984	41	0. 46 016	9. 97 536	5	53
8	9. 51 557	37	9. 54 025	41	0. 45 975	9. 97 532	4	52
9	9. 51 593	36	9. 54 065	40	0. 45 935	9. 97 528	4	51
10	9. 51 629	36	9. 54 106	41	0. 45 894	9. 97 523	5	50
11	9. 51 666	37	9. 54 147	41	0. 45 853	9. 97 519	4	49
12	9. 51 702	36	9. 54 187	40	0. 45 813	9. 97 515	4	48
13	9. 51 738	36	9. 54 228	41	0. 45 772	9. 97 510	5	47
14	9. 51 774	36	9. 54 269	41	0. 45 731	9. 97 506	4	46
15	9. 51 811	37	9. 54 309	40	0. 45 691	9. 97 501	5	45
16	9. 51 847	36	9. 54 350	41	0. 45 650	9. 97 497	4	44
17	9. 51 883	36	9. 54 390	40	0. 45 610	9. 97 492	5	43
18	9. 51 919	36	9. 54 431	41	0. 45 569	9. 97 488	4	42
19	9. 51 955	36	9. 54 471	40	0. 45 529	9. 97 484	4	41
20	9. 51 991	36	9. 54 512	41	0. 45 488	9. 97 479	5	40
21	9. 52 027	36	9. 54 552	40	0. 45 448	9. 97 475	4	39
22	9. 52 063	36	9. 54 593	41	0. 45 407	9. 97 470	5	38
23	9. 52 099	36	9. 54 633	40	0. 45 367	9. 97 466	4	37
24	9. 52 135	36	9. 54 673	40	0. 45 327	9. 97 461	5	36
25	9. 52 171	36	9. 54 714	41	0. 45 286	9. 97 457	4	35
26	9. 52 207	36	9. 54 754	40	0. 45 246	9. 97 453	4	34
27	9. 52 242	35	9. 54 794	40	0. 45 206	9. 97 448	5	33
28	9. 52 278	36	9. 54 835	41	0. 45 165	9. 97 444	4	32
29	9. 52 314	36	9. 54 875	40	0. 45 125	9. 97 439	5	31
30	9. 52 350	36	9. 54 915	40	0. 45 085	9. 97 435	4	30
31	9. 52 385	35	9. 54 955	40	0. 45 045	9. 97 430	5	29
32	9. 52 421	36	9. 54 995	40	0. 45 005	9. 97 426	4	28
33	9. 52 456	35	9. 55 035	40	0. 44 965	9. 97 421	5	27
34	9. 52 492	36	9. 55 075	40	0. 44 925	9. 97 417	4	26
35	9. 52 527	35	9. 55 115	40	0. 44 885	9. 97 412	5	25
36	9. 52 563	36	9. 55 155	40	0. 44 845	9. 97 408	4	24
37	9. 52 598	35	9. 55 195	40	0. 44 805	9. 97 403	5	23
38	9. 52 634	36	9. 55 235	40	0. 44 765	9. 97 399	4	22
39	9. 52 669	35	9. 55 275	40	0. 44 725	9. 97 394	5	21
40	9. 52 705	36	9. 55 315	40	0. 44 685	9. 97 390	4	20
41	9. 52 740	35	9. 55 355	40	0. 44 645	9. 97 385	5	19
42	9. 52 775	35	9. 55 395	40	0. 44 605	9. 97 381	4	18
43	9. 52 811	36	9. 55 434	39	0. 44 566	9. 97 376	5	17
44	9. 52 846	35	9. 55 474	40	0. 44 526	9. 97 372	4	16
45	9. 52 881	35	9. 55 514	40	0. 44 486	9. 97 367	5	15
46	9. 52 916	35	9. 55 554	40	0. 44 446	9. 97 363	4	14
47	9. 52 951	35	9. 55 593	39	0. 44 407	9. 97 358	5	13
48	9. 52 986	35	9. 55 633	40	0. 44 367	9. 97 353	5	12
49	9. 53 021	35	9. 55 673	40	0. 44 327	9. 97 349	4	11
50	9. 53 056	35	9. 55 712	39	0. 44 288	9. 97 344	5	10
51	9. 53 092	36	9. 55 752	40	0. 44 248	9. 97 340	4	9
52	9. 53 126	34	9. 55 791	39	0. 44 209	9. 97 335	5	8
53	9. 53 161	35	9. 55 831	40	0. 44 169	9. 97 331	4	7
54	9. 53 196	35	9. 55 870	39	0. 44 130	9. 97 326	5	6
55	9. 53 231	35	9. 55 910	40	0. 44 090	9. 97 322	4	5
56	9. 53 266	35	9. 55 949	39	0. 44 051	9. 97 317	5	4
57	9. 53 301	35	9. 55 989	40	0. 44 011	9. 97 312	5	3
58	9. 53 336	35	9. 56 028	39	0. 43 972	9. 97 308	4	2
59	9. 53 370	34	9. 56 067	39	0. 43 933	9. 97 303	5	1
60	9. 53 405	35	9. 56 107	40	0. 43 893	9. 97 299	4	0
′	lg cos	d	lg ctg	d c	lg tg	lg sin	d	′

P P

	41	40	39
1	0,7	0,7	0,6
2	1,4	1,3	1,3
3	2,0	2,0	2,0
4	2,7	2,7	2,6
5	3,4	3,3	3,2
6	4,1	4,0	3,9
7	4,8	4,7	4,6
8	5,5	5,3	5,2
9	6,2	6,0	5,8
10	6,8	6,7	6,5
20	13,7	13,3	13,0
30	20,5	20,0	19,5
40	27,3	26,7	26,0
50	34,2	33,3	32,5

	37	36
1	0,6	0,6
2	1,2	1,2
3	1,8	1,8
4	2,5	2,4
5	3,1	3,0
6	3,7	3,6
7	4,3	4,2
8	4,9	4,8
9	5,6	5,4
10	6,2	6,0
20	12,3	12,0
30	18,5	18,0
40	24,7	24,0
50	30,8	30,0

	35	34
1	0,6	0,6
2	1,2	1,1
3	1,8	1,7
4	2,3	2,3
5	2,9	2,8
6	3,5	3,4
7	4,1	4,0
8	4,7	4,5
9	5,2	5,1
10	5,8	5,7
20	11,7	11,3
30	17,5	17,0
40	23,3	22,7
50	29,2	28,3

	5	4
1	0,1	0,1
2	0,2	0,1
3	0,2	0,2
4	0,3	0,3
5	0,4	0,3
6	0,5	0,4
7	0,6	0,5
8	0,7	0,5
9	0,8	0,6
10	0,8	0,7
20	1,7	1,3
30	2,5	2,0
40	3,3	2,7
50	4,2	3,3

P P

70°

′	lg sin	d	lg tg	d c	lg ctg	lg cos	d	′
0	9. 53 405		9. 56 107		0. 43 893	9. 97 299		**60**
1	9. 53 440	35	9. 56 146	39	0. 43 854	9. 97 294	5	59
2	9. 53 475	35	9. 56 185	39	0. 43 815	9. 97 289	5	58
3	9. 53 509	34	9. 56 224	39	0. 43 776	9. 97 285	4	57
4	9. 53 544	35	9. 56 264	40	0. 43 736	9. 97 280	5	56
5	9. 53 578	34	9. 56 303	39	0. 43 697	9. 97 276	4	55
6	9. 53 613	35	9. 56 342	39	0. 43 658	9. 97 271	5	54
7	9. 53 647	34	9. 56 381	39	0. 43 619	9. 97 266	5	53
8	9. 53 682	35	9. 56 420	39	0. 43 580	9. 97 262	4	52
9	9. 53 716	34	9. 56 459	39	0. 43 541	9. 97 257	5	51
10	9. 53 751	35	9. 56 498	39	0. 43 502	9. 97 252	5	**50**
11	9. 53 785	34	9. 56 537	39	0. 43 463	9. 97 248	4	49
12	9. 53 819	34	9. 56 576	39	0. 43 424	9. 97 243	5	48
13	9. 53 854	35	9. 56 615	39	0. 43 385	9. 97 238	5	47
14	9. 53 888	34	9. 56 654	39	0. 43 346	9. 97 234	4	46
15	9. 53 922	34	9. 56 693	39	0. 43 307	9. 97 229	5	45
16	9. 53 957	35	9. 56 732	39	0. 43 268	9. 97 224	5	44
17	9. 53 991	34	9. 56 771	39	0. 43 229	9. 97 220	4	43
18	9. 54 025	34	9. 56 810	39	0. 43 190	9. 97 215	5	42
19	9. 54 059	34	9. 56 849	39	0. 43 151	9. 97 210	5	41
20	9. 54 093	34	9. 56 887	38	0. 43 113	9. 97 206	4	**40**
21	9. 54 127	34	9. 56 926	39	0. 43 074	9. 97 201	5	39
22	9. 54 161	34	9. 56 965	39	0. 43 035	9. 97 196	5	38
23	9. 54 195	34	9. 57 004	39	0. 42 996	9. 97 192	4	37
24	9. 54 229	34	9. 57 042	38	0. 42 958	9. 97 187	5	36
25	9. 54 263	34	9. 57 081	39	0. 42 919	9. 97 182	5	35
26	9. 54 297	34	9. 57 120	39	0. 42 880	9. 97 178	4	34
27	9. 54 331	34	9. 57 158	38	0. 42 842	9. 97 173	5	33
28	9. 54 365	34	9. 57 197	39	0. 42 803	9. 97 168	5	32
29	9. 54 399	34	9. 57 235	38	0. 42 765	9. 97 163	5	31
30	9. 54 433	34	9. 57 274	39	0. 42 726	9. 97 159	4	**30**
31	9. 54 466	33	9. 57 312	38	0. 42 688	9. 97 154	5	29
32	9. 54 500	34	9. 57 351	39	0. 42 649	9. 97 149	5	28
33	9. 54 534	34	9. 57 389	38	0. 42 611	9. 97 145	4	27
34	9. 54 567	33	9. 57 428	39	0. 42 572	9. 97 140	5	26
35	9. 54 601	34	9. 57 466	38	0. 42 534	9. 97 135	5	25
36	9. 54 635	34	9. 57 504	38	0. 42 496	9. 97 130	5	24
37	9. 54 668	33	9. 57 543	39	0. 42 457	9. 97 126	4	23
38	9. 54 702	34	9. 57 581	38	0. 42 419	9. 97 121	5	22
39	9. 54 735	33	9. 57 619	38	0. 42 381	9. 97 116	5	21
40	9. 54 769	34	9. 57 658	39	0. 42 342	9. 97 111	5	**20**
41	9. 54 802	33	9. 57 696	38	0. 42 304	9. 97 107	4	19
42	9. 54 836	34	9. 57 734	38	0. 42 266	9. 97 102	5	18
43	9. 54 869	33	9. 57 772	38	0. 42 228	9. 97 097	5	17
44	9. 54 903	34	9. 57 810	38	0. 42 190	9. 97 092	5	16
45	9. 54 936	33	9. 57 849	39	0. 42 151	9. 97 087	5	15
46	9. 54 969	33	9. 57 887	38	0. 42 113	9. 97 083	4	14
47	9. 55 003	34	9. 57 925	38	0. 42 075	9. 97 078	5	13
48	9. 55 036	33	9. 57 963	38	0. 42 037	9. 97 073	5	12
49	9. 55 069	33	9. 58 001	38	0. 41 999	9. 97 068	5	11
50	9. 55 102	33	9. 58 039	38	0. 41 961	9. 97 063	5	**10**
51	9. 55 136	34	9. 58 077	38	0. 41 923	9. 97 059	4	9
52	9. 55 169	33	9. 58 115	38	0. 41 885	9. 97 054	5	8
53	9. 55 202	33	9. 58 153	38	0. 41 847	9. 97 049	5	7
54	9. 55 235	33	9. 58 191	38	0. 41 809	9. 97 044	5	6
55	9. 55 268	33	9. 58 229	38	0. 41 771	9. 97 039	5	5
56	9. 55 301	33	9. 58 267	38	0. 41 733	9. 97 035	4	4
57	9. 55 334	33	9. 58 304	37	0. 41 696	9. 97 030	5	3
58	9. 55 367	33	9. 58 342	38	0. 41 658	9. 97 025	5	2
59	9. 55 400	33	9. 58 380	38	0. 41 620	9. 97 020	5	1
60	9. 55 433	33	9. 58 418	38	0. 41 582	9. 97 015	5	**0**
′	lg cos	d	lg ctg	d c	lg tg	lg sin	d	′

P P

	40	39	38
1	0,7	0,6	0,6
2	1,3	1,3	1,3
3	2,0	2,0	1,9
4	2,7	2,6	2,5
5	3,3	3,2	3,2
6	4,0	3,9	3,8
7	4,7	4,6	4,4
8	5,3	5,2	5,1
9	6,0	5,8	5,7
10	6,7	6,5	6,3
20	13,3	13,0	12,7
30	20,0	19,5	19,0
40	26,7	26,0	25,3
50	33,3	32,5	31,7

	37	35
1	0,6	0,6
2	1,2	1,2
3	1,8	1,8
4	2,5	2,3
5	3,1	2,9
6	3,7	3,5
7	4,3	4,1
8	4,9	4,7
9	5,6	5,2
10	6,2	5,8
20	12,3	11,7
30	18,5	17,5
40	24,7	23,3
50	30,8	29,2

	34	33
1	0,6	0,6
2	1,1	1,1
3	1,7	1,6
4	2,3	2,2
5	2,8	2,8
6	3,4	3,3
7	4,0	3,8
8	4,5	4,4
9	5,1	5,0
10	5,7	5,5
20	11,3	11,0
30	17,0	16,5
40	22,7	22,0
50	28,3	27,5

	5	4
1	0,1	0,1
2	0,2	0,1
3	0,2	0,2
4	0,3	0,3
5	0,4	0,3
6	0,5	0,4
7	0,6	0,5
8	0,7	0,5
9	0,8	0,6
10	0,8	0,7
20	1,7	1,3
30	2,5	2,0
40	3,3	2,7
50	4,2	3,3

P P

′	lg sin	d	lg tg	d c	lg ctg	lg cos	d	′
0	9.55 433		9.58 418		0.41 582	9.97 015		60
1	9.55 466	33	9.58 455	37	0.41 545	9.97 010	5	59
2	9.55 499	33	9.58 493	38	0.41 507	9.97 005	5	58
3	9.55 532	33	9.58 531	38	0.41 469	9.97 001	4	57
4	9.55 564	32	9.58 569	38	0.41 431	9.96 996	5	56
5	9.55 597	33	9.58 606	37	0.41 394	9.96 991	5	55
6	9.55 630	33	9.58 644	38	0.41 356	9.96 986	5	54
7	9.55 663	33	9.58 681	37	0.41 319	9.96 981	5	53
8	9.55 695	32	9.58 719	38	0.41 281	9.96 976	5	52
9	9.55 728	33	9.58 757	38	0.41 243	9.96 971	5	51
10	9.55 761	33	9.58 794	37	0.41 206	9.96 966	5	50
11	9.55 793	32	9.58 832	38	0.41 168	9.96 962	4	49
12	9.55 826	33	9.58 869	37	0.41 131	9.96 957	5	48
13	9.55 858	32	9.58 907	38	0.41 093	9.96 952	5	47
14	9.55 891	33	9.58 944	37	0.41 056	9.96 947	5	46
15	9.55 923	32	9.58 981	37	0.41 019	9.96 942	5	45
16	9.55 956	33	9.59 019	38	0.40 981	9.96 937	5	44
17	9.55 988	32	9.59 056	37	0.40 944	9.96 932	5	43
18	9.56 021	33	9.59 094	38	0.40 906	9.96 927	5	42
19	9.56 053	32	9.59 131	37	0.40 869	9.96 922	5	41
20	9.56 085	32	9.59 168	37	0.40 832	9.96 917	5	40
21	9.56 118	33	9.59 205	37	0.40 795	9.96 912	5	39
22	9.56 150	32	9.59 243	38	0.40 757	9.96 907	5	38
23	9.56 182	32	9.59 280	37	0.40 720	9.96 903	4	37
24	9.56 215	33	9.59 317	37	0.40 683	9.96 898	5	36
25	9.56 247	32	9.59 354	37	0.40 646	9.96 893	5	35
26	9.56 279	32	9.59 391	37	0.40 609	9.96 888	5	34
27	9.56 311	32	9.59 429	38	0.40 571	9.96 883	5	33
28	9.56 343	32	9.59 466	37	0.40 534	9.96 878	5	32
29	9.56 375	32	9.59 503	37	0.40 497	9.96 873	5	31
30	9.56 408	33	9.59 540	37	0.40 460	9.96 868	5	30
31	9.56 440	32	9.59 577	37	0.40 423	9.96 863	5	29
32	9.56 472	32	9.59 614	37	0.40 386	9.96 858	5	28
33	9.56 504	32	9.59 651	37	0.40 349	9.96 853	5	27
34	9.56 536	32	9.59 688	37	0.40 312	9.96 848	5	26
35	9.56 568	32	9.59 725	37	0.40 275	9.96 843	5	25
36	9.56 599	31	9.59 762	37	0.40 238	9.96 838	5	24
37	9.56 631	32	9.59 799	37	0.40 201	9.96 833	5	23
38	9.56 663	32	9.59 835	36	0.40 165	9.96 828	5	22
39	9.56 695	32	9.59 872	37	0.40 128	9.96 823	5	21
40	9.56 727	32	9.59 909	37	0.40 091	9.96 818	5	20
41	9.56 759	32	9.59 946	37	0.40 054	9.96 813	5	19
42	9.56 790	31	9.59 983	37	0.40 017	9.96 808	5	18
43	9.56 822	32	9.60 019	36	0.39 981	9.96 803	5	17
44	9.56 854	32	9.60 056	37	0.39 944	9.96 798	5	16
45	9.56 886	32	9.60 093	37	0.39 907	9.96 793	5	15
46	9.56 917	31	9.60 130	37	0.39 870	9.96 788	5	14
47	9.56 949	32	9.60 166	36	0.39 834	9.96 783	5	13
48	9.56 980	31	9.60 203	37	0.39 797	9.96 778	5	12
49	9.57 012	32	9.60 240	37	0.39 760	9.96 772	6	11
50	9.57 044	32	9.60 276	36	0.39 724	9.96 767	5	10
51	9.57 075	31	9.60 313	37	0.39 687	9.96 762	5	9
52	9.57 107	32	9.60 349	36	0.39 651	9.96 757	5	8
53	9.57 138	31	9.60 386	37	0.39 614	9.96 752	5	7
54	9.57 169	31	9.60 422	36	0.39 578	9.96 747	5	6
55	9.57 201	32	9.60 459	37	0.39 541	9.96 742	5	5
56	9.57 232	31	9.60 495	36	0.39 505	9.96 737	5	4
57	9.57 264	32	9.60 532	37	0.39 468	9.96 732	5	3
58	9.57 295	31	9.60 568	36	0.39 432	9.96 727	5	2
59	9.57 326	31	9.60 605	37	0.39 395	9.96 722	5	1
60	9.57 358	32	9.60 641	36	0.39 359	9.96 717	5	0
′	lg cos	d	lg ctg	d c	lg tg	lg sin	d	′

P P

	38	37	36
1	0,6	0,6	0,6
2	1,3	1,2	1,2
3	1,9	1,8	1,8
4	2,5	2,5	2,4
5	3,2	3,1	3,0
6	3,8	3,7	3,6
7	4,4	4,3	4,2
8	5,1	4,9	4,8
9	5,7	5,6	5,4
10	6,3	6,2	6,0
20	12,7	12,3	12,0
30	19,0	18,5	18,0
40	25,3	24,7	24,0
50	31,7	30,8	30,0

	33	32	31
1	0,6	0,5	0,5
2	1,1	1,1	1,0
3	1,6	1,6	1,6
4	2,2	2,1	2,1
5	2,8	2,7	2,6
6	3,3	3,2	3,1
7	3,8	3,7	3,6
8	4,4	4,3	4,1
9	5,0	4,8	4,6
10	5,5	5,3	5,2
20	11,0	10,7	10,3
30	16,5	16,0	15,5
40	22,0	21,3	20,7
50	27,5	26,7	25,8

	6	5	4
1	0,1	0,1	0,1
2	0,2	0,2	0,1
3	0,3	0,2	0,2
4	0,4	0,3	0,3
5	0,5	0,4	0,3
6	0,6	0,5	0,4
7	0,7	0,6	0,5
8	0,8	0,7	0,5
9	0,9	0,8	0,6
10	1,0	0,8	0,7
20	2,0	1,7	1,3
30	3,0	2,5	2,0
40	4,0	3,3	2,7
50	5,0	4,2	3,3

P P

′	lg sin	d	lg tg	d c	lg ctg	lg cos	d	′
0	9. 57 358	31	9. 60 641	36	0. 39 359	9. 96 717	6	**60**
1	9. 57 389	31	9. 60 677	37	0. 39 323	9. 96 711	5	59
2	9. 57 420	31	9. 60 714	36	0. 39 286	9. 96 706	5	58
3	9. 57 451	31	9. 60 750	36	0. 39 250	9. 96 701	5	57
4	9. 57 482	32	9. 60 786	37	0. 39 214	9. 96 696	5	56
5	9. 57 514	31	9. 60 823	36	0. 39 177	9. 96 691	5	55
6	9. 57 545	31	9. 60 859	36	0. 39 141	9. 96 686	5	54
7	9. 57 576	31	9. 60 895	36	0. 39 105	9. 96 681	5	53
8	9. 57 607	31	9. 60 931	36	0. 39 069	9. 96 676	6	52
9	9. 57 638	31	9. 60 967	37	0. 39 033	9. 96 670	5	51
10	9. 57 669	31	9. 61 004	36	0. 38 996	9. 96 665	5	**50**
11	9. 57 700	31	9. 61 040	36	0. 38 960	9. 96 660	5	49
12	9. 57 731	31	9. 61 076	36	0. 38 924	9. 96 655	5	48
13	9. 57 762	31	9. 61 112	36	0. 38 888	9. 96 650	5	47
14	9. 57 793	31	9. 61 148	36	0. 38 852	9. 96 645	5	46
15	9. 57 824	31	9. 61 184	36	0. 38 816	9. 96 640	6	45
16	9. 57 855	30	9. 61 220	36	0. 38 780	9. 96 634	5	44
17	9. 57 885	31	9. 61 256	36	0. 38 744	9. 96 629	5	43
18	9. 57 916	31	9. 61 292	36	0. 38 708	9. 96 624	5	42
19	9. 57 947	31	9. 61 328	36	0. 38 672	9. 96 619	5	41
20	9. 57 978	30	9. 61 364	36	0. 38 636	9. 96 614	6	**40**
21	9. 58 008	31	9. 61 400	36	0. 38 600	9. 96 608	5	39
22	9. 58 039	31	9. 61 436	36	0. 38 564	9. 96 603	5	38
23	9. 58 070	31	9. 61 472	36	0. 38 528	9. 96 598	5	37
24	9. 58 101	30	9. 61 508	36	0. 38 492	9. 96 593	5	36
25	9. 58 131	31	9. 61 544	35	0. 38 456	9. 96 588	6	35
26	9. 58 162	30	9. 61 579	36	0. 38 421	9. 96 582	5	34
27	9. 58 192	31	9. 61 615	36	0. 38 385	9. 96 577	5	33
28	9. 58 223	30	9. 61 651	36	0. 38 349	9. 96 572	5	32
29	9. 58 253	31	9. 61 687	35	0. 38 313	9. 96 567	5	31
30	9. 58 284	30	9. 61 722	36	0. 38 278	9. 96 562	6	**30**
31	9. 58 314	31	9. 61 758	36	0. 38 242	9. 96 556	5	29
32	9. 58 345	30	9. 61 794	36	0. 38 206	9. 96 551	5	28
33	9. 58 375	31	9. 61 830	35	0. 38 170	9. 96 546	5	27
34	9. 58 406	30	9. 61 865	36	0. 38 135	9. 96 541	6	26
35	9. 58 436	31	9. 61 901	35	0. 38 099	9. 96 535	5	25
36	9. 58 467	30	9. 61 936	36	0. 38 064	9. 96 530	5	24
37	9. 58 497	30	9. 61 972	36	0. 38 028	9. 96 525	5	23
38	9. 58 527	30	9. 62 008	35	0. 37 992	9. 96 520	6	22
39	9. 58 557	31	9. 62 043	36	0. 37 957	9. 96 514	5	21
40	9. 58 588	30	9. 62 079	35	0. 37 921	9. 96 509	5	**20**
41	9. 58 618	30	9. 62 114	36	0. 37 886	9. 96 504	6	19
42	9. 58 648	30	9. 62 150	35	0. 37 850	9. 96 498	5	18
43	9. 58 678	31	9. 62 185	36	0. 37 815	9. 96 493	5	17
44	9. 58 709	30	9. 62 221	35	0. 37 779	9. 96 488	5	16
45	9. 58 739	30	9. 62 256	36	0. 37 744	9. 96 483	6	15
46	9. 58 769	30	9. 62 292	35	0. 37 708	9. 96 477	5	14
47	9. 58 799	30	9. 62 327	35	0. 37 673	9. 96 472	5	13
48	9. 58 829	30	9. 62 362	36	0. 37 638	9. 96 467	6	12
49	9. 58 859	30	9. 62 398	35	0. 37 602	9. 96 461	5	11
50	9. 58 889	30	9. 62 433	35	0. 37 567	9. 96 456	5	**10**
51	9. 58 919	30	9. 62 468	36	0. 37 532	9. 96 451	6	9
52	9. 58 949	30	9. 62 504	35	0. 37 496	9. 96 445	5	8
53	9. 58 979	30	9. 62 539	35	0. 37 461	9. 96 440	5	7
54	9. 59 009	30	9. 62 574	35	0. 37 426	9. 96 435	6	6
55	9. 59 039	30	9. 62 609	36	0. 37 391	9. 96 429	5	5
56	9. 59 069	29	9. 62 645	35	0. 37 355	9. 96 424	5	4
57	9. 59 098	30	9. 62 680	35	0. 37 320	9. 96 419	6	3
58	9. 59 128	30	9. 62 715	35	0. 37 285	9. 96 413	5	2
59	9. 59 158	30	9. 62 750	35	0. 37 250	9. 96 408	5	1
60	9. 59 188		9. 62 785		0. 37 215	9. 96 403		**0**
′	lg cos	d	lg ctg	d c	lg tg	lg sin	d	′

P P

	37	36	35
1	0,6	0,6	0,6
2	1,2	1,2	1,2
3	1,8	1,8	1,8
4	2,5	2,4	2,3
5	3,1	3,0	2,9
6	3,7	3,6	3,5
7	4,3	4,2	4,1
8	4,9	4,8	4,7
9	5,6	5,4	5,2
10	6,2	6,0	5,8
20	12,3	12,0	11,7
30	18,5	18,0	17,5
40	24,7	24,0	23,3
50	30,8	30,0	29,2

	32	31
1	0,5	0,5
2	1,1	1,0
3	1,6	1,6
4	2,1	2,1
5	2,7	2,6
6	3,2	3,1
7	3,7	3,6
8	4,3	4,1
9	4,8	4,6
10	5,3	5,2
20	10,7	10,3
30	16,0	15,5
40	21,3	20,7
50	26,7	25,8

	30	29
1	0,5	0,5
2	1,0	1,0
3	1,5	1,4
4	2,0	1,9
5	2,5	2,4
6	3,0	2,9
7	3,5	3,4
8	4,0	3,9
9	4,5	4,4
10	5,0	4,8
20	10,0	9,7
30	15,0	14,5
40	20,0	19,3
50	25,0	24,2

	6	5
1	0,1	0,1
2	0,2	0,2
3	0,3	0,2
4	0,4	0,3
5	0,5	0,4
6	0,6	0,5
7	0,7	0,6
8	0,8	0,7
9	0,9	0,8
10	1,0	0,8
20	2,0	1,7
30	3,0	2,5
40	4,0	3,3
50	5,0	4,2

P P

23°

′	lg sin	d	lg tg	d c	lg ctg	lg cos	d	′
0	9.59 188	30	9.62 785	35	0.37 215	9.96 403	6	**60**
1	9.59 218	29	9.62 820	35	0.37 180	9.96 397	5	59
2	9.59 247	30	9.62 855	35	0.37 145	9.96 392	5	58
3	9.59 277	30	9.62 890	36	0.37 110	9.96 387	6	57
4	9.59 307	29	9.62 926	35	0.37 074	9.96 381	5	56
5	9.59 336	30	9.62 961	35	0.37 039	9.96 376	6	55
6	9.59 366	30	9.62 996	35	0.37 004	9.96 370	5	54
7	9.59 396	29	9.63 031	35	0.36 969	9.96 365	5	53
8	9.59 425	30	9.63 066	35	0.36 934	9.96 360	6	52
9	9.59 455	29	9.63 101	34	0.36 899	9.96 354	5	51
10	9.59 484	30	9.63 135	35	0.36 865	9.96 349	6	**50**
11	9.59 514	29	9.63 170	35	0.36 830	9.96 343	5	49
12	9.59 543	30	9.63 205	35	0.36 795	9.96 338	5	48
13	9.59 573	29	9.63 240	35	0.36 760	9.96 333	6	47
14	9.59 602	30	9.63 275	35	0.36 725	9.96 327	5	46
15	9.59 632	29	9.63 310	35	0.36 690	9.96 322	6	45
16	9.59 661	29	9.63 345	34	0.36 655	9.96 316	5	44
17	9.59 690	30	9.63 379	35	0.36 621	9.96 311	6	43
18	9.59 720	29	9.63 414	35	0.36 586	9.96 305	5	42
19	9.59 749	29	9.63 449	35	0.36 551	9.96 300	6	41
20	9.59 778	30	9.63 484	35	0.36 516	9.96 294	5	**40**
21	9.59 808	29	9.63 519	34	0.36 481	9.96 289	5	39
22	9.59 837	29	9.63 553	35	0.36 447	9.96 284	6	38
23	9.59 866	29	9.63 588	35	0.36 412	9.96 278	5	37
24	9.59 895	29	9.63 623	34	0.36 377	9.96 273	6	36
25	9.59 924	30	9.63 657	35	0.36 343	9.96 267	5	35
26	9.59 954	29	9.63 692	34	0.36 308	9.96 262	6	34
27	9.59 983	29	9.63 726	35	0.36 274	9.96 256	5	33
28	9.60 012	29	9.63 761	35	0.36 239	9.96 251	6	32
29	9.60 041	29	9.63 796	34	0.36 204	9.96 245	5	31
30	9.60 070	29	9.63 830	35	0.36 170	9.96 240	6	**30**
31	9.60 099	29	9.63 865	34	0.36 135	9.96 234	5	29
32	9.60 128	29	9.63 899	35	0.36 101	9.96 229	6	28
33	9.60 157	29	9.63 934	34	0.36 066	9.96 223	5	27
34	9.60 186	29	9.63 968	35	0.36 032	9.96 218	6	26
35	9.60 215	29	9.64 003	34	0.35 997	9.96 212	5	25
36	9.60 244	29	9.64 037	35	0.35 963	9.96 207	6	24
37	9.60 273	29	9.64 072	34	0.35 928	9.96 201	5	23
38	9.60 302	29	9.64 106	34	0.35 894	9.96 196	6	22
39	9.60 331	28	9.64 140	35	0.35 860	9.96 190	5	21
40	9.60 359	29	9.64 175	34	0.35 825	9.96 185	6	**20**
41	9.60 388	29	9.64 209	34	0.35 791	9.96 179	5	19
42	9.60 417	29	9.64 243	35	0.35 757	9.96 174	6	18
43	9.60 446	28	9.64 278	34	0.35 722	9.96 168	6	17
44	9.60 474	29	9.64 312	34	0.35 688	9.96 162	5	16
45	9.60 503	29	9.64 346	35	0.35 654	9.96 157	6	15
46	9.60 532	29	9.64 381	34	0.35 619	9.96 151	5	14
47	9.60 561	28	9.64 415	34	0.35 585	9.96 146	6	13
48	9.60 589	29	9.64 449	34	0.35 551	9.96 140	5	12
49	9.60 618	28	9.64 483	34	0.35 517	9.96 135	6	11
50	9.60 646	29	9.64 517	35	0.35 483	9.96 129	6	**10**
51	9.60 675	29	9.64 552	34	0.35 448	9.96 123	5	9
52	9.60 704	28	9.64 586	34	0.35 414	9.96 118	6	8
53	9.60 732	29	9.64 620	34	0.35 380	9.96 112	5	7
54	9.60 761	28	9.64 654	34	0.35 346	9.96 107	6	6
55	9.60 789	29	9.64 688	34	0.35 312	9.96 101	6	5
56	9.60 818	28	9.64 722	34	0.35 278	9.96 095	5	4
57	9.60 846	29	9.64 756	34	0.35 244	9.96 090	6	3
58	9.60 875	28	9.64 790	34	0.35 210	9.96 084	5	2
59	9.60 903	28	9.64 824	34	0.35 176	9.96 079	6	1
60	9.60 931		9.64 858		0.35 142	9.96 073		**0**
′	lg cos	d	lg ctg	d c	lg tg	lg sin	d	′

P P

	36	**35**	**34**
1	0,6	0,6	0,6
2	1,2	1,2	1,1
3	1,8	1,8	1,7
4	2,4	2,3	2,3
5	3,0	2,9	2,8
6	3,6	3,5	3,4
7	4,2	4,1	4,0
8	4,8	4,7	4,5
9	5,4	5,2	5,1
10	6,0	5,8	5,7
20	12,0	11,7	11,3
30	18,0	17,5	17,0
40	24,0	23,3	22,7
50	30,0	29,2	28,3

	30	**29**	**28**
1	0,5	0,5	0,5
2	1,0	1,0	0,9
3	1,5	1,4	1,4
4	2,0	1,9	1,9
5	2,5	2,4	2,3
6	3,0	2,9	2,8
7	3,5	3,4	3,3
8	4,0	3,9	3,7
9	4,5	4,4	4,2
10	5,0	4,8	4,7
20	10,0	9,7	9,3
30	15,0	14,5	14,0
40	20,0	19,3	18,7
50	25,0	24,2	23,3

	6	**5**
1	0,1	0,1
2	0,2	0,2
3	0,3	0,2
4	0,4	0,3
5	0,5	0,4
6	0,6	0,5
7	0,7	0,6
8	0,8	0,7
9	0,9	0,8
10	1,0	0,8
20	2,0	1,7
30	3,0	2,5
40	4,0	3,3
50	5,0	4,2

P P

66°

24°

′	lg sin	d	lg tg	d c	lg ctg	lg cos	d	′
0	9.60 931	29	9.64 858	34	0.35 142	9.96 073	6	60
1	9.60 960	28	9.64 892	34	0.35 108	9.96 067	5	59
2	9.60 988	28	9.64 926	34	0.35 074	9.96 062	6	58
3	9.61 016	29	9.64 960	34	0.35 040	9.96 056	6	57
4	9.61 045	28	9.64 994	34	0.35 006	9.96 050	5	56
5	9.61 073	28	9.65 028	34	0.34 972	9.96 045	6	55
6	9.61 101	28	9.65 062	34	0.34 938	9.96 039	5	54
7	9.61 129	29	9.65 096	34	0.34 904	9.96 034	6	53
8	9.61 158	28	9.65 130	34	0.34 870	9.96 028	6	52
9	9.61 186	28	9.65 164	33	0.34 836	9.96 022	5	51
10	9.61 214	28	9.65 197	34	0.34 803	9.96 017	6	50
11	9.61 2 2	28	9.65 231	34	0.34 769	9.96 011	6	49
12	9.61 270	28	9.65 265	34	0.34 735	9.96 005	5	48
13	9.61 298	28	9.65 299	34	0.34 701	9.96 000	6	47
14	9.61 326	28	9.65 333	33	0.34 667	9.95 994	6	46
15	9.61 354	28	9.65 366	34	0.34 634	9.95 988	6	45
16	9.61 382	29	9.65 400	34	0.34 600	9.95 982	5	44
17	9.61 411	27	9.65 434	33	0.34 566	9.95 977	6	43
18	9.61 438	28	9.65 467	34	0.34 533	9.95 971	6	42
19	9.61 466	28	9.65 501	34	0.34 499	9.95 965	5	41
20	9.61 494	28	9.65 535	33	0.34 465	9.95 960	6	40
21	9.61 522	28	9.65 568	34	0.34 432	9.95 954	6	39
22	9.61 550	28	9.65 602	34	0.34 398	9.95 948	6	38
23	9.61 578	28	9.65 636	33	0.34 364	9.95 942	5	37
24	9.61 606	28	9.65 669	34	0.34 331	9.95 937	6	36
25	9.61 634	28	9.65 703	33	0.34 297	9.95 931	6	35
26	9.61 662	27	9.65 736	34	0.34 264	9.95 925	5	34
27	9.61 689	28	9.65 770	33	0.34 230	9.95 920	6	33
28	9.61 717	28	9.65 803	34	0.34 197	9.95 914	6	32
29	9.61 745	28	9.65 837	33	0.34 163	9.95 908	6	31
30	9.61 773	27	9.65 870	34	0.34 130	9.95 902	5	30
31	9.61 800	28	9.65 904	33	0.34 096	9.95 897	6	29
32	9.61 828	28	9.65 937	34	0.34 063	9.95 891	6	28
33	9.61 856	27	9.65 971	33	0.34 029	9.95 885	6	27
34	9.61 883	28	9.66 004	34	0.33 996	9.95 879	6	26
35	9.61 911	28	9.66 038	33	0.33 962	9.95 873	5	25
36	9.61 939	27	9.66 071	33	0.33 929	9.95 868	6	24
37	9.61 966	28	9.66 104	34	0.33 896	9.95 862	6	23
38	9.61 994	27	9.66 138	33	0.33 862	9.95 856	6	22
39	9.62 021	28	9.66 171	33	0.33 829	9.95 850	6	21
40	9.62 049	27	9.66 204	34	0.33 796	9.95 844	5	20
41	9.62 076	28	9.66 238	33	0.33 762	9.95 839	6	19
42	9.62 104	27	9.66 271	33	0.33 729	9.95 833	6	18
43	9.62 131	28	9.66 304	33	0.33 696	9.95 827	6	17
44	9.62 159	27	9.66 337	34	0.33 663	9.95 821	6	16
45	9.62 186	28	9.66 371	33	0.33 629	9.95 815	5	15
46	9.62 214	27	9.66 404	33	0.33 596	9.95 810	6	14
47	9.62 241	27	9.66 437	33	0.33 563	9.95 804	6	13
48	9.62 268	28	9.66 470	33	0.33 530	9.95 798	6	12
49	9.62 296	27	9.66 503	34	0.33 497	9.95 792	6	11
50	9.62 323	27	9.66 537	33	0.33 463	9.95 786	6	10
51	9.62 350	27	9.66 570	33	0.33 430	9.95 780	5	9
52	9.62 377	28	9.66 603	33	0.33 397	9.95 775	6	8
53	9.62 405	27	9.66 636	33	0.33 364	9.95 769	6	7
54	9.62 432	27	9.66 669	33	0.33 331	9.95 763	6	6
55	9.62 459	27	9.66 702	33	0.33 298	9.95 757	6	5
56	9.62 486	27	9.66 735	33	0.33 265	9.95 751	6	4
57	9.62 513	28	9.66 768	33	0.33 232	9.95 745	6	3
58	9.62 541	27	9.66 801	33	0.33 199	9.95 739	6	2
59	9.62 568	27	9.66 834	33	0.33 166	9.95 733	5	1
60	9.62 595		9.66 867		0.33 133	9.95 728		0
′	lg cos	d	lg ctg	d c	lg tg	lg sin	d	′

P P

	34	33
1	0,6	0,6
2	1,1	1,1
3	1,7	1,6
4	2,3	2,2
5	2,8	2,8
6	3,4	3,3
7	4,0	3,8
8	4,5	4,4
9	5,1	5,0
10	5,7	5,5
20	11,3	11,0
30	17,0	16,5
40	22,7	22,0
50	28,3	27,5

	29	28	27
1	0,5	0,5	0,4
2	1,0	0,9	0,9
3	1,4	1,4	1,4
4	1,9	1,9	1,8
5	2,4	2,3	2,2
6	2,9	2,8	2,7
7	3,4	3,3	3,2
8	3,9	3,7	3,6
9	4,4	4,2	4,0
10	4,8	4,7	4,5
20	9,7	9,3	9,0
30	14,5	14,0	13,5
40	19,3	18,7	18,0
50	24,2	23,3	22,5

	6	5
1	0,1	0,1
2	0,2	0,2
3	0,3	0,2
4	0,4	0,3
5	0,5	0,4
6	0,6	0,5
7	0,7	0,6
8	0,8	0,7
9	0,9	0,8
10	1,0	0,8
20	2,0	1,7
30	3,0	2,5
40	4,0	3,3
50	5,0	4,2

P P

65°

25°

′	lg sin	d	lg tg	d c	lg ctg	lg cos	d	′
0	9.62 595	27	9.66 867	33	0.33 133	9.95 728	6	60
1	9.62 622	27	9.66 900	33	0.33 100	9.95 722	6	59
2	9.62 649	27	9.66 933	33	0.33 067	9.95 716	6	58
3	9.62 676	27	9.66 966	33	0.33 034	9.95 710	6	57
4	9.62 703	27	9.66 999	33	0.33 001	9.95 704	6	56
5	9.62 730	27	9.67 032	33	0.32 968	9.95 698	6	55
6	9.62 757	27	9.67 065	33	0.32 935	9.95 692	6	54
7	9.62 784	27	9.67 098	33	0.32 902	9.95 686	6	53
8	9.62 811	27	9.67 131	32	0.32 869	9.95 680	6	52
9	9.62 838	27	9.67 163	33	0.32 837	9.95 674	6	51
10	9.62 865	27	9.67 196	33	0.32 804	9.95 668	5	50
11	9.62 892	26	9.67 229	33	0.32 771	9.95 663	6	49
12	9.62 918	27	9.67 262	33	0.32 738	9.95 657	6	48
13	9.62 945	27	9.67 295	32	0.32 705	9.95 651	6	47
14	9.62 972	27	9.67 327	33	0.32 673	9.95 645	6	46
15	9.62 999	27	9.67 360	33	0.32 640	9.95 639	6	45
16	9.63 026	26	9.67 393	33	0.32 607	9.95 633	6	44
17	9.63 052	27	9.67 426	32	0.32 574	9.95 627	6	43
18	9.63 079	27	9.67 458	33	0.32 542	9.95 621	6	42
19	9.63 106	27	9.67 491	33	0.32 509	9.95 615	6	41
20	9.63 133	26	9.67 524	32	0.32 476	9.95 609	6	40
21	9.63 159	27	9.67 556	33	0.32 444	9.95 603	6	39
22	9.63 186	27	9.67 589	33	0.32 411	9.95 597	6	38
23	9.63 213	26	9.67 622	32	0.32 378	9.95 591	6	37
24	9.63 239	27	9.67 654	33	0.32 346	9.95 585	6	36
25	9.63 266	26	9.67 687	32	0.32 313	9.95 579	6	35
26	9.63 292	27	9.67 719	33	0.32 281	9.95 573	6	34
27	9.63 319	26	9.67 752	33	0.32 248	9.95 567	6	33
28	9.63 345	27	9.67 785	32	0.32 215	9.95 561	6	32
29	9.63 372	26	9.67 817	33	0.32 183	9.95 555	6	31
30	9.63 398	27	9.67 850	32	0.32 150	9.95 549	6	30
31	9.63 425	26	9.67 882	33	0.32 118	9.95 543	6	29
32	9.63 451	27	9.67 915	32	0.32 085	9.95 537	6	28
33	9.63 478	26	9.67 947	33	0.32 053	9.95 531	6	27
34	9.63 504	27	9.67 980	32	0.32 020	9.95 525	6	26
35	9.63 531	26	9.68 012	32	0.31 988	9.95 519	6	25
36	9.63 557	26	9.68 044	33	0.31 956	9.95 513	6	24
37	9.63 583	27	9.68 077	32	0.31 923	9.95 507	7	23
38	9.63 610	26	9.68 109	33	0.31 891	9.95 500	6	22
39	9.63 636	26	9.68 142	32	0.31 858	9.95 494	6	21
40	9.63 662	27	9.68 174	32	0.31 826	9.95 488	6	20
41	9.63 689	26	9.68 206	33	0.31 794	9.95 482	6	19
42	9.63 715	26	9.68 239	32	0.31 761	9.95 476	6	18
43	9.63 741	26	9.68 271	32	0.31 729	9.95 470	6	17
44	9.63 767	27	9.68 303	33	0.31 697	9.95 464	6	16
45	9.63 794	26	9.68 336	32	0.31 664	9.95 458	6	15
46	9.63 820	26	9.68 368	32	0.31 632	9.95 452	6	14
47	9.63 846	26	9.68 400	32	0.31 600	9.95 446	6	13
48	9.63 872	26	9.68 432	33	0.31 568	9.95 440	6	12
49	9.63 898	26	9.68 465	32	0.31 535	9.95 434	7	11
50	9.63 924	26	9.68 497	32	0.31 503	9.95 427	6	10
51	9.63 950	26	9.68 529	32	0.31 471	9.95 421	6	9
52	9.63 976	26	9.68 561	32	0.31 439	9.95 415	6	8
53	9.64 002	26	9.68 593	33	0.31 407	9.95 409	6	7
54	9.64 028	26	9.68 626	32	0.31 374	9.95 403	6	6
55	9.64 054	26	9.68 658	32	0.31 342	9.95 397	6	5
56	9.64 080	26	9.68 690	32	0.31 310	9.95 391	7	4
57	9.64 106	26	9.68 722	32	0.31 278	9.95 384	6	3
58	9.64 132	26	9.68 754	32	0.31 246	9.95 378	6	2
59	9.64 158	26	9.68 786	32	0.31 214	9.95 372	6	1
60	9.64 184		9.68 818		0.31 182	9.95 366		0
′	lg cos	d	lg ctg	d c	lg tg	lg sin	d	′

P P

	33	32
1	0,6	0,5
2	1,1	1,1
3	1,6	1,6
4	2,2	2,1
5	2,8	2,7
6	3,3	3,2
7	3,8	3,7
8	4,4	4,3
9	5,0	4,8
10	5,5	5,3
20	11,0	10,7
30	16,5	16,0
40	22,0	21,3
50	27,5	26,7

	27	26
1	0,4	0,4
2	0,9	0,9
3	1,4	1,3
4	1,8	1,7
5	2,2	2,2
6	2,7	2,6
7	3,2	3,0
8	3,6	3,5
9	4,0	3,9
10	4,5	4,3
20	9,0	8,7
30	13,5	13,0
40	18,0	17,3
50	22,5	21,7

	7	6	5
1	0,1	0,1	0,1
2	0,2	0,2	0,2
3	0,4	0,3	0,2
4	0,5	0,4	0,3
5	0,6	0,5	0,4
6	0,7	0,6	0,5
7	0,8	0,7	0,6
8	0,9	0,8	0,7
9	1,0	0,9	0,8
10	1,2	1,0	0,8
20	2,3	2,0	1,7
30	3,5	3,0	2,5
40	4,7	4,0	3,3
50	5,8	5,0	4,2

P P

64°

26°

′	lg sin	d	lg tg	d c	lg ctg	lg cos	d	′
0	9. 64 184	26	9. 68 818	32	0. 31 182	9. 95 366	6	60
1	9. 64 210	26	9. 68 850	32	0. 31 150	9. 95 360	6	59
2	9. 64 236	26	9. 68 882	32	0. 31 118	9. 95 354	6	58
3	9. 64 262	26	9. 68 914	32	0. 31 086	9. 95 348	7	57
4	9. 64 288	25	9. 68 946	32	0. 31 054	9. 95 341	6	56
5	9. 64 313	26	9. 68 978	32	0. 31 022	9. 95 335	6	55
6	9. 64 339	26	9. 69 010	32	0. 30 990	9. 95 329	6	54
7	9. 64 365	26	9. 69 042	32	0. 30 958	9. 95 323	6	53
8	9. 64 391	26	9. 69 074	32	0. 30 926	9. 95 317	7	52
9	9. 64 417	25	9. 69 106	32	0. 30 894	9. 95 310	6	51
10	9. 64 442	26	9. 69 138	32	0. 30 862	9. 95 304	6	50
11	9. 64 468	26	9. 69 170	32	0. 30 830	9. 95 298	6	49
12	9. 64 494	25	9. 69 202	32	0. 30 798	9. 95 292	6	48
13	9. 64 519	26	9. 69 234	32	0. 30 766	9. 95 286	7	47
14	9. 64 545	26	9. 69 266	32	0. 30 734	9. 95 279	6	46
15	9. 64 571	25	9. 69 298	31	0. 30 702	9. 95 273	6	45
16	9. 64 596	26	9. 69 329	32	0. 30 671	9. 95 267	6	44
17	9. 64 622	25	9. 69 361	32	0. 30 639	9. 95 261	7	43
18	9. 64 647	26	9. 69 393	32	0. 30 607	9. 95 254	6	42
19	9. 64 673	25	9. 69 425	32	0. 30 575	9. 95 248	6	41
20	9. 64 698	26	9. 69 457	31	0. 30 543	9. 95 242	6	40
21	9. 64 724	25	9. 69 488	32	0. 30 512	9. 95 236	7	39
22	9. 64 749	26	9. 69 520	32	0. 30 480	9. 95 229	6	38
23	9. 64 775	25	9. 69 552	32	0. 30 448	9. 95 223	6	37
24	9. 64 800	26	9. 69 584	31	0. 30 416	9. 95 217	6	36
25	9. 64 826	25	9. 69 615	32	0. 30 385	9. 95 211	7	35
26	9. 64 851	26	9. 69 647	32	0. 30 353	9. 95 204	6	34
27	9. 64 877	25	9. 69 679	31	0. 30 321	9. 95 198	6	33
28	9. 64 902	25	9. 69 710	32	0. 30 290	9. 95 192	7	32
29	9. 64 927	26	9. 69 742	32	0. 30 258	9. 95 185	6	31
30	9. 64 953	25	9. 69 774	31	0. 30 226	9. 95 179	6	30
31	9. 64 978	25	9. 69 805	32	0. 30 195	9. 95 173	6	29
32	9. 65 003	26	9. 69 837	31	0. 30 163	9. 95 167	7	28
33	9. 65 029	25	9. 69 868	32	0. 30 132	9. 95 160	6	27
34	9. 65 054	25	9. 69 900	32	0. 30 100	9. 95 154	6	26
35	9. 65 079	25	9. 69 932	31	0. 30 068	9. 95 148	7	25
36	9. 65 104	26	9. 69 963	32	0. 30 037	9. 95 141	6	24
37	9. 65 130	25	9. 69 995	31	0. 30 005	9. 95 135	6	23
38	9. 65 155	25	9. 70 026	32	0. 29 974	9. 95 129	7	22
39	9. 65 180	25	9. 70 058	31	0. 29 942	9. 95 122	6	21
40	9. 65 205	25	9. 70 089	32	0. 29 911	9. 95 116	6	20
41	9. 65 230	25	9. 70 121	31	0. 29 879	9. 95 110	7	19
42	9. 65 255	26	9. 70 152	32	0. 29 848	9. 95 103	6	18
43	9. 65 281	25	9. 70 184	31	0. 29 816	9. 95 097	7	17
44	9. 65 306	25	9. 70 215	32	0. 29 785	9. 95 090	6	16
45	9. 65 331	25	9. 70 247	31	0. 29 753	9. 95 084	6	15
46	9. 65 356	25	9. 70 278	31	0. 29 722	9. 95 078	7	14
47	9. 65 381	25	9. 70 309	32	0. 29 691	9. 95 071	6	13
48	9. 65 406	25	9. 70 341	31	0. 29 659	9. 95 065	6	12
49	9. 65 431	25	9. 70 372	32	0. 29 628	9. 95 059	7	11
50	9. 65 456	25	9. 70 404	31	0. 29 596	9. 95 052	6	10
51	9. 65 481	25	9. 70 435	31	0. 29 565	9. 95 046	7	9
52	9. 65 506	25	9. 70 466	32	0. 29 534	9. 95 039	6	8
53	9. 65 531	25	9. 70 498	31	0. 29 502	9. 95 033	6	7
54	9. 65 556	24	9. 70 529	31	0. 29 471	9. 95 027	7	6
55	9. 65 580	25	9. 70 560	32	0. 29 440	9. 95 020	6	5
56	9. 65 605	25	9. 70 592	31	0. 29 408	9. 95 014	7	4
57	9. 65 630	25	9. 70 623	31	0. 29 377	9. 95 007	6	3
58	9. 65 655	25	9. 70 654	31	0. 29 346	9. 95 001	6	2
59	9. 65 680	25	9. 70 685	32	0. 29 315	9. 94 995	7	1
60	9. 65 705		9. 70 717		0. 29 283	9. 94 988		0
′	lg cos	d	lg ctg	d c	lg tg	lg sin	d	′

P P

	32	31
1	0,5	0,5
2	1,1	1,0
3	1,6	1,6
4	2,1	2,1
5	2,7	2,6
6	3,2	3,1
7	3,7	3,6
8	4,3	4,1
9	4,8	4,6
10	5,3	5,2
20	10,7	10,3
30	16,0	15,5
40	21,3	20,7
50	26,7	25,8

	26	25	24
1	0,4	0,4	0,4
2	0,9	0,8	0,8
3	1,3	1,2	1,2
4	1,7	1,7	1,6
5	2,2	2,1	2,0
6	2,6	2,5	2,4
7	3,0	2,9	2,8
8	3,5	3,3	3,2
9	3,9	3,8	3,6
10	4,3	4,2	4,0
20	8,7	8,3	8,0
30	13,0	12,5	12,0
40	17,3	16,7	16,0
50	21,7	20,8	20,0

	7	6
1	0,1	0,1
2	0,2	0,2
3	0,4	0,3
4	0,5	0,4
5	0,6	0,5
6	0,7	0,6
7	0,8	0,7
8	0,9	0,8
9	1,0	0,9
10	1,2	1,0
20	2,3	2,0
30	3,5	3,0
40	4,7	4,0
50	5,8	5,0

P P

63°

27°

′	lg sin	d	lg tg	d c	lg ctg	lg cos	d	′
0	9.65 705	24	9.70 717	31	0.29 283	9.94 988	6	60
1	9.65 729	25	9.70 748	31	0.29 252	9.94 982	7	59
2	9.65 754	25	9.70 779	31	0.29 221	9.94 975	6	58
3	9.65 779	25	9.70 810	31	0.29 190	9.94 969	7	57
4	9.65 804	24	9.70 841	32	0.29 159	9.94 962	6	56
5	9.65 828	25	9.70 873	31	0.29 127	9.94 956	7	55
6	9.65 853	25	9.70 904	31	0.29 096	9.94 949	6	54
7	9.65 878	24	9.70 935	31	0.29 065	9.94 943	7	53
8	9.65 902	25	9.70 966	31	0.29 034	9.94 936	6	52
9	9.65 927	25	9.70 997	31	0.29 003	9.94 930	7	51
10	9.65 952	24	9.71 028	31	0.28 972	9.94 923	6	50
11	9.65 976	25	9.71 059	31	0.28 941	9.94 917	6	49
12	9.66 001	24	9.71 090	31	0.28 910	9.94 911	7	48
13	9.66 025	25	9.71 121	32	0.28 879	9.94 904	6	47
14	9.66 050	25	9.71 153	31	0.28 847	9.94 898	7	46
15	9.66 075	24	9.71 184	31	0.28 816	9.94 891	6	45
16	9.66 099	25	9.71 215	31	0.28 785	9.94 885	7	44
17	9.66 124	24	9.71 246	31	0.28 754	9.94 878	7	43
18	9.66 148	25	9.71 277	31	0.28 723	9.94 871	6	42
19	9.66 173	24	9.71 308	31	0.28 692	9.94 865	7	41
20	9.66 197	24	9.71 339	31	0.28 661	9.94 858	6	40
21	9.66 221	25	9.71 370	31	0.28 630	9.94 852	7	39
22	9.66 246	24	9.71 401	30	0.28 599	9.94 845	6	38
23	9.66 270	25	9.71 431	31	0.28 569	9.94 839	7	37
24	9.66 295	24	9.71 462	31	0.28 538	9.94 832	6	36
25	9.66 319	24	9.71 493	31	0.28 507	9.94 826	7	35
26	9.66 343	25	9.71 524	31	0.28 476	9.94 819	6	34
27	9.66 368	24	9.71 555	31	0.28 445	9.94 813	7	33
28	9.66 392	24	9.71 586	31	0.28 414	9.94 806	7	32
29	9.66 416	25	9.71 617	31	0.28 383	9.94 799	6	31
30	9.66 441	24	9.71 648	31	0.28 352	9.94 793	7	30
31	9.66 465	24	9.71 679	30	0.28 321	9.94 786	6	29
32	9.66 489	24	9.71 709	31	0.28 291	9.94 780	7	28
33	9.66 513	24	9.71 740	31	0.28 260	9.94 773	6	27
34	9.66 537	25	9.71 771	31	0.28 229	9.94 767	7	26
35	9.66 562	24	9.71 802	31	0.28 198	9.94 760	7	25
36	9.66 586	24	9.71 833	30	0.28 167	9.94 753	6	24
37	9.66 610	24	9.71 863	31	0.28 137	9.94 747	7	23
38	9.66 634	24	9.71 894	31	0.28 106	9.94 740	6	22
39	9.66 658	24	9.71 925	30	0.28 075	9.94 734	7	21
40	9.66 682	24	9.71 955	31	0.28 045	9.94 727	7	20
41	9.66 706	25	9.71 986	31	0.28 014	9.94 720	6	19
42	9.66 731	24	9.72 017	31	0.27 983	9.94 714	7	18
43	9.66 755	24	9.72 048	30	0.27 952	9.94 707	7	17
44	9.66 779	24	9.72 078	31	0.27 922	9.94 700	6	16
45	9.66 803	24	9.72 109	31	0.27 891	9.94 694	7	15
46	9.66 827	24	9.72 140	30	0.27 860	9.94 687	7	14
47	9.66 851	24	9.72 170	31	0.27 830	9.94 680	6	13
48	9.66 875	24	9.72 201	30	0.27 799	9.94 674	7	12
49	9.66 899	23	9.72 231	31	0.27 769	9.94 667	7	11
50	9.66 922	24	9.72 262	31	0.27 738	9.94 660	6	10
51	9.66 946	24	9.72 293	30	0.27 707	9.94 654	7	9
52	9.66 970	24	9.72 323	31	0.27 677	9.94 647	7	8
53	9.66 994	24	9.72 354	30	0.27 646	9.94 640	6	7
54	9.67 018	24	9.72 384	31	0.27 616	9.94 634	7	6
55	9.67 042	24	9.72 415	30	0.27 585	9.94 627	7	5
56	9.67 066	24	9.72 445	31	0.27 555	9.94 620	6	4
57	9.67 090	23	9.72 476	30	0.27 524	9.94 614	7	3
58	9.67 113	24	9.72 506	31	0.27 494	9.94 607	7	2
59	9.67 137	24	9.72 537	30	0.27 463	9.94 600	7	1
60	9.67 161		9.72 567		0.27 433	9.94 593		0
′	lg cos	d	lg ctg	d c	lg tg	lg sin	d	′

P P

	32	31	30
1	0,5	0,5	0,5
2	1,1	1,0	1,0
3	1,6	1,6	1,5
4	2,1	2,1	2,0
5	2,7	2,6	2,5
6	3,2	3,1	3,0
7	3,7	3,6	3,5
8	4,3	4,1	4,0
9	4,8	4,6	4,5
10	5,3	5,2	5,0
20	10,7	10,3	10,0
30	16,0	15,5	15,0
40	21,3	20,7	20,0
50	26,7	25,8	25,0

	25	24	23
1	0,4	0,4	0,4
2	0,8	0,8	0,8
3	1,2	1,2	1,2
4	1,7	1,6	1,5
5	2,1	2,0	1,9
6	2,5	2,4	2,3
7	2,9	2,8	2,7
8	3,3	3,2	3,1
9	3,8	3,6	3,4
10	4,2	4,0	3,8
20	8,3	8,0	7,7
30	12,5	12,0	11,5
40	16,7	16,0	15,3
50	20,8	20,0	19,2

	7	6
1	0,1	0,1
2	0,2	0,2
3	0,4	0,3
4	0,5	0,4
5	0,6	0,5
6	0,7	0,6
7	0,8	0,7
8	0,9	0,8
9	1,0	0,9
10	1,2	1,0
20	2,3	2,0
30	3,5	3,0
40	4,7	4,0
50	5,8	5,0

P P

62°

28°

′	lg sin	d	lg tg	d c	lg ctg	lg cos	d	′
0	9. 67 161	24	9. 72 567	31	0. 27 433	9. 94 593	6	60
1	9. 67 185	23	9. 72 598	30	0. 27 402	9. 94 587	7	59
2	9. 67 208	24	9. 72 628	31	0. 27 372	9. 94 580	7	58
3	9. 67 232	24	9. 72 659	30	0. 27 341	9. 94 573	6	57
4	9. 67 256	24	9. 72 689	31	0. 27 311	9. 94 567	7	56
5	9. 67 280	23	9. 72 720	30	0. 27 280	9. 94 560	7	55
6	9. 67 303	24	9. 72 750	30	0. 27 250	9. 94 553	7	54
7	9. 67 327	23	9. 72 780	31	0. 27 220	9. 94 546	6	53
8	9. 67 350	24	9. 72 811	30	0. 27 189	9. 94 540	7	52
9	9. 67 374	24	9. 72 841	31	0. 27 159	9. 94 533	7	51
10	9. 67 398	23	9. 72 872	30	0. 27 128	9. 94 526	7	50
11	9. 67 421	24	9. 72 902	30	0. 27 098	9. 94 519	6	49
12	9. 67 445	23	9. 72 932	31	0. 27 068	9. 94 513	7	48
13	9. 67 468	24	9. 72 963	30	0. 27 037	9. 94 506	7	47
14	9. 67 492	23	9. 72 993	30	0. 27 007	9. 94 499	7	46
15	9. 67 515	24	9. 73 023	31	0. 26 977	9. 94 492	7	45
16	9. 67 539	23	9. 73 054	30	0. 26 946	9. 94 485	6	44
17	9. 67 562	24	9. 73 084	30	0. 26 916	9. 94 479	7	43
18	9. 67 586	23	9. 73 114	30	0. 26 886	9. 94 472	7	42
19	9. 67 609	24	9. 73 144	31	0. 26 856	9. 94 465	7	41
20	9. 67 633	23	9. 73 175	30	0. 26 825	9. 94 458	7	40
21	9. 67 656	24	9. 73 205	30	0. 26 795	9. 94 451	6	39
22	9. 67 680	23	9. 73 235	30	0. 26 765	9. 94 445	7	38
23	9. 67 703	23	9. 73 265	30	0. 26 735	9. 94 438	7	37
24	9. 67 726	24	9. 73 295	31	0. 26 705	9. 94 431	7	36
25	9. 67 750	23	9. 73 326	30	0. 26 674	9. 94 424	7	35
26	9. 67 773	23	9. 73 356	30	0. 26 644	9. 94 417	7	34
27	9. 67 796	24	9. 73 386	30	0. 26 614	9. 94 410	6	33
28	9. 67 820	23	9. 73 416	30	0. 26 584	9. 94 404	7	32
29	9. 67 843	23	9. 73 446	30	0. 26 554	9. 94 397	7	31
30	9. 67 866	24	9. 73 476	31	0. 26 524	9. 94 390	7	30
31	9. 67 890	23	9. 73 507	30	0. 26 493	9. 94 383	7	29
32	9. 67 913	23	9. 73 537	30	0. 26 463	9. 94 376	7	28
33	9. 67 936	23	9. 73 567	30	0. 26 433	9. 94 369	7	27
34	9. 67 959	23	9. 73 597	30	0. 26 403	9. 94 362	7	26
35	9. 67 982	24	9. 73 627	30	0. 26 373	9. 94 355	6	25
36	9. 68 006	23	9. 73 657	30	0. 26 343	9. 94 349	7	24
37	9. 68 029	23	9. 73 687	30	0. 26 313	9. 94 342	7	23
38	9. 68 052	23	9. 73 717	30	0. 26 283	9. 94 335	7	22
39	9. 68 075	23	9. 73 747	30	0. 26 253	9. 94 328	7	21
40	9. 68 098	23	9. 73 777	30	0. 26 223	9. 94 321	7	20
41	9. 68 121	23	9. 73 807	30	0. 26 193	9. 94 314	7	19
42	9. 68 144	23	9. 73 837	30	0. 26 163	9. 94 307	7	18
43	9. 68 167	23	9. 73 867	30	0. 26 133	9. 94 300	7	17
44	9. 68 190	23	9. 73 897	30	0. 26 103	9. 94 293	7	16
45	9. 68 213	24	9. 73 927	30	0. 26 073	9. 94 286	7	15
46	9. 68 237	23	9. 73 957	30	0. 26 043	9. 94 279	6	14
47	9. 68 260	23	9. 73 987	30	0. 26 013	9. 94 273	7	13
48	9. 68 283	22	9. 74 017	30	0. 25 983	9. 94 266	7	12
49	9. 68 305	23	9. 74 047	30	0. 25 953	9. 94 259	7	11
50	9. 68 328	23	9. 74 077	30	0. 25 923	9. 94 252	7	10
51	9. 68 351	23	9. 74 107	30	0. 25 893	9. 94 245	7	9
52	9. 68 374	23	9. 74 137	29	0. 25 863	9. 94 238	7	8
53	9. 68 397	23	9. 74 166	30	0. 25 834	9. 94 231	7	7
54	9. 68 420	23	9. 74 196	30	0. 25 804	9. 94 224	7	6
55	9. 68 443	23	9. 74 226	30	0. 25 774	9. 94 217	7	5
56	9. 68 466	23	9. 74 256	30	0. 25 744	9. 94 210	7	4
57	9. 68 489	23	9. 74 286	30	0. 25 714	9. 94 203	7	3
58	9. 68 512	22	9. 74 316	29	0. 25 684	9. 94 196	7	2
59	9. 68 534	23	9. 74 345	30	0. 25 655	9. 94 189	7	1
60	9. 68 557		9. 74 375		0. 25 625	9. 94 182		0
′	lg cos	d	lg ctg	d c	lg tg	lg sin	d	′

P P

	31	30	29
1	0,5	0,5	0,5
2	1,0	1,0	1,0
3	1,6	1,5	1,4
4	2,1	2,0	1,9
5	2,6	2,5	2,4
6	3,1	3,0	2,9
7	3,6	3,5	3,4
8	4,1	4,0	3,9
9	4,6	4,5	4,4
10	5,2	5,0	4,8
20	10,3	10,0	9,7
30	15,5	15,0	14,5
40	20,7	20,0	19,3
50	25,8	25,0	24,2

	24	23	22
1	0,4	0,4	0,4
2	0,8	0,8	0,7
3	1,2	1,2	1,1
4	1,6	1,5	1,5
5	2,0	1,9	1,8
6	2,4	2,3	2,2
7	2,8	2,7	2,6
8	3,2	3,1	2,9
9	3,6	3,4	3,3
10	4,0	3,8	3,7
20	8,0	7,7	7,3
30	12,0	11,5	11,0
40	16,0	15,3	14,7
50	20,0	19,2	18,3

	7	6
1	0,1	0,1
2	0,2	0,2
3	0,4	0,3
4	0,5	0,4
5	0,6	0,5
6	0,7	0,6
7	0,8	0,7
8	0,9	0,8
9	1,0	0,9
10	1,2	1,0
20	2,3	2,0
30	3,5	3,0
40	4,7	4,0
50	5,8	5,0

P P

61°

29°

′	lg sin	d	lg tg	d c	lg ctg	lg cos	d	′
0	9.68 557	23	9.74 375	30	0.25 625	9.94 182	7	60
1	9.68 580	23	9.74 405	30	0.25 595	9.94 175	7	59
2	9.68 603	22	9.74 435	30	0.25 565	9.94 168	7	58
3	9.68 625	23	9.74 465	29	0.25 535	9.94 161	7	57
4	9.68 648	23	9.74 494	30	0.25 506	9.94 154	7	56
5	9.68 671	23	9.74 524	30	0.25 476	9.94 147	7	55
6	9.68 694	22	9.74 554	29	0.25 446	9.94 140	7	54
7	9.68 716	23	9.74 583	30	0.25 417	9.94 133	7	53
8	9.68 739	23	9.74 613	30	0.25 387	9.94 126	7	52
9	9.68 762	22	9.74 643	30	0.25 357	9.94 119	7	51
10	9.68 784	23	9.74 673	29	0.25 327	9.94 112	7	50
11	9.68 807	22	9.74 702	30	0.25 298	9.94 105	7	49
12	9.68 829	23	9.74 732	30	0.25 268	9.94 098	8	48
13	9.68 852	23	9.74 762	29	0.25 238	9.94 090	7	47
14	9.68 875	22	9.74 791	30	0.25 209	9.94 083	7	46
15	9.68 897	23	9.74 821	30	0.25 179	9.94 076	7	45
16	9.68 920	22	9.74 851	29	0.25 149	9.94 069	7	44
17	9.68 942	23	9.74 880	30	0.25 120	9.94 062	7	43
18	9.68 965	22	9.74 910	29	0.25 090	9.94 055	7	42
19	9.68 987	23	9.74 939	30	0.25 061	9.94 048	7	41
20	9.69 010	22	9.74 969	29	0.25 031	9.94 041	7	40
21	9.69 032	23	9.74 998	30	0.25 002	9.94 034	7	39
22	9.69 055	22	9.75 028	30	0.24 972	9.94 027	7	38
23	9.69 077	23	9.75 058	29	0.24 942	9.94 020	8	37
24	9.69 100	22	9.75 087	30	0.24 913	9.94 012	7	36
25	9.69 122	22	9.75 117	29	0.24 883	9.94 005	7	35
26	9.69 144	23	9.75 146	30	0.24 854	9.93 998	7	34
27	9.69 167	22	9.75 176	29	0.24 824	9.93 991	7	33
28	9.69 189	23	9.75 205	30	0.24 795	9.93 984	7	32
29	9.69 212	22	9.75 235	29	0.24 765	9.93 977	7	31
30	9.69 234	22	9.75 264	30	0.24 736	9.93 970	7	30
31	9.69 256	23	9.75 294	29	0.24 706	9.93 963	8	29
32	9.69 279	22	9.75 323	30	0.24 677	9.93 955	7	28
33	9.69 301	22	9.75 353	29	0.24 647	9.93 948	7	27
34	9.69 323	22	9.75 382	29	0.24 618	9.93 941	7	26
35	9.69 345	23	9.75 411	30	0.24 589	9.93 934	7	25
36	9.69 368	22	9.75 441	29	0.24 559	9.93 927	7	24
37	9.69 390	22	9.75 470	30	0.24 530	9.93 920	8	23
38	9.69 412	22	9.75 500	29	0.24 500	9.93 912	7	22
39	9.69 434	22	9.75 529	29	0.24 471	9.93 905	7	21
40	9.69 456	23	9.75 558	30	0.24 442	9.93 898	7	20
41	9.69 479	22	9.75 588	29	0.24 412	9.93 891	7	19
42	9.69 501	22	9.75 617	30	0.24 383	9.93 884	8	18
43	9.69 523	22	9.75 647	29	0.24 353	9.93 876	7	17
44	9.69 545	22	9.75 676	29	0.24 324	9.93 869	7	16
45	9.69 567	22	9.75 705	30	0.24 295	9.93 862	7	15
46	9.69 589	22	9.75 735	29	0.24 265	9.93 855	8	14
47	9.69 611	22	9.75 764	29	0.24 236	9.93 847	7	13
48	9.69 633	22	9.75 793	29	0.24 207	9.93 840	7	12
49	9.69 655	22	9.75 822	30	0.24 178	9.93 833	7	11
50	9.69 677	22	9.75 852	29	0.24 148	9.93 826	7	10
51	9.69 699	22	9.75 881	29	0.24 119	9.93 819	8	9
52	9.69 721	22	9.75 910	29	0.24 090	9.93 811	7	8
53	9.69 743	22	9.75 939	30	0.24 061	9.93 804	7	7
54	9.69 765	22	9.75 969	29	0.24 031	9.93 797	8	6
55	9.69 787	22	9.75 998	29	0.24 002	9.93 789	7	5
56	9.69 809	22	9.76 027	29	0.23 973	9.93 782	7	4
57	9.69 831	22	9.76 056	30	0.23 944	9.93 775	7	3
58	9.69 853	22	9.76 086	29	0.23 914	9.93 768	8	2
59	9.69 875	22	9.76 115	29	0.23 885	9.93 760	7	1
60	9.69 897		9.76 144		0.23 856	9.93 753		0
′	lg cos	d	lg ctg	d c	lg tg	lg sin	d	′

P P

	30	29
1	0,5	0,5
2	1,0	1,0
3	1,5	1,4
4	2,0	1,9
5	2,5	2,4
6	3,0	2,9
7	3,5	3,4
8	4,0	3,9
9	4,5	4,4
10	5,0	4,8
20	10,0	9,7
30	15,0	14,5
40	20,0	19,3
50	25,0	24,2

	23	22
1	0,4	0,4
2	0,8	0,7
3	1,2	1,1
4	1,5	1,5
5	1,9	1,8
6	2,3	2,2
7	2,7	2,6
8	3,1	2,9
9	3,4	3,3
10	3,8	3,7
20	7,7	7,3
30	11,5	11,0
40	15,3	14,7
50	19,2	18,3

	8	7
1	0,1	0,1
2	0,3	0,2
3	0,4	0,4
4	0,5	0,5
5	0,7	0,6
6	0,8	0,7
7	0,9	0,8
8	1,1	0,9
9	1,2	1,0
10	1,3	1,2
20	2,7	2,3
30	4,0	3,5
40	5,3	4,7
50	6,7	5,8

P P

60°

30°

'	lg sin	d	lg tg	d c	lg ctg	lg cos	d	'
0	9. 69 897	22	9. 76 144	29	0. 23 856	9. 93 753	7	60
1	9. 69 919	22	9. 76 173	29	0. 23 827	9. 93 746	8	59
2	9. 69 941	22	9. 76 202	29	0. 23 798	9. 93 738	7	58
3	9. 69 963	21	9. 76 231	30	0. 23 769	9. 93 731	7	57
4	9. 69 984	22	9. 76 261	29	0. 23 739	9. 93 724	7	56
5	9. 70 006	22	9. 76 290	29	0. 23 710	9. 93 717	8	55
6	9. 70 028	22	9. 76 319	29	0. 23 681	9. 93 709	7	54
7	9. 70 050	22	9. 76 348	29	0. 23 652	9. 93 702	7	53
8	9. 70 072	21	9. 76 377	29	0. 23 623	9. 93 695	8	52
9	9. 70 093	22	9. 76 406	29	0. 23 594	9. 93 687	7	51
10	9. 70 115	22	9. 76 435	29	0. 23 565	9. 93 680	7	50
11	9. 70 137	22	9. 76 464	29	0. 23 536	9. 93 673	8	49
12	9. 70 159	21	9. 76 493	29	0. 23 507	9. 93 665	7	48
13	9. 70 180	22	9. 76 522	29	0. 23 478	9. 93 658	8	47
14	9. 70 202	22	9. 76 551	29	0. 23 449	9. 93 650	7	46
15	9. 70 224	21	9. 76 580	29	0. 23 420	9. 93 643	7	45
16	9. 70 245	22	9. 76 609	30	0. 23 391	9. 93 636	8	44
17	9. 70 267	21	9. 76 639	29	0. 23 361	9. 93 628	7	43
18	9. 70 288	22	9. 76 668	29	0. 23 332	9. 93 621	7	42
19	9. 70 310	22	9. 76 697	28	0. 23 303	9. 93 614	8	41
20	9. 70 332	21	9. 76 725	29	0. 23 275	9. 93 606	7	40
21	9. 70 353	22	9. 76 754	29	0. 23 246	9. 93 599	8	39
22	9. 70 375	21	9. 76 783	29	0. 23 217	9. 93 591	7	38
23	9. 70 396	22	9. 76 812	29	0. 23 188	9. 93 584	7	37
24	9. 70 418	21	9. 76 841	29	0. 23 159	9. 93 577	8	36
25	9. 70 439	22	9. 76 870	29	0. 23 130	9. 93 569	7	35
26	9. 70 461	21	9. 76 899	29	0. 23 101	9. 93 562	8	34
27	9. 70 482	22	9. 76 928	29	0. 23 072	9. 93 554	7	33
28	9. 70 504	21	9. 76 957	29	0. 23 043	9. 93 547	8	32
29	9. 70 525	22	9. 76 986	29	0. 23 014	9. 93 539	7	31
30	9. 70 547	21	9. 77 015	29	0. 22 985	9. 93 532	7	30
31	9. 70 568	22	9. 77 044	29	0. 22 956	9. 93 525	8	29
32	9. 70 590	21	9. 77 073	28	0. 22 927	9. 93 517	7	28
33	9. 70 611	22	9. 77 101	29	0. 22 899	9. 93 510	8	27
34	9. 70 633	21	9. 77 130	29	0. 22 870	9. 93 502	7	26
35	9. 70 654	21	9. 77 159	29	0. 22 841	9. 93 495	8	25
36	9. 70 675	22	9. 77 188	29	0. 22 812	9. 93 487	7	24
37	9. 70 697	21	9. 77 217	29	0. 22 783	9. 93 480	8	23
38	9. 70 718	21	9. 77 246	28	0. 22 754	9. 93 472	7	22
39	9. 70 739	22	9. 77 274	29	0. 22 726	9. 93 465	8	21
40	9. 70 761	21	9. 77 303	29	0. 22 697	9. 93 457	7	20
41	9. 70 782	21	9. 77 332	29	0. 22 668	9. 93 450	8	19
42	9. 70 803	21	9. 77 361	29	0. 22 639	9. 93 442	7	18
43	9. 70 824	22	9. 77 390	28	0. 22 610	9. 93 435	8	17
44	9. 70 846	21	9. 77 418	29	0. 22 582	9. 93 427	7	16
45	9. 70 867	21	9. 77 447	29	0. 22 553	9. 93 420	8	15
46	9. 70 888	21	9. 77 476	29	0. 22 524	9. 93 412	7	14
47	9. 70 909	22	9. 77 505	28	0. 22 495	9. 93 405	8	13
48	9. 70 931	21	9. 77 533	29	0. 22 467	9. 93 397	7	12
49	9. 70 952	21	9. 77 562	29	0. 22 438	9. 93 390	8	11
50	9. 70 973	21	9. 77 591	28	0. 22 409	9. 93 382	7	10
51	9. 70 994	21	9. 77 619	29	0. 22 381	9. 93 375	8	9
52	9. 71 015	21	9. 77 648	29	0. 22 352	9. 93 367	7	8
53	9. 71 036	22	9. 77 677	29	0. 22 323	9. 93 360	8	7
54	9. 71 058	21	9. 77 706	28	0. 22 294	9. 93 352	8	6
55	9. 71 079	21	9. 77 734	29	0. 22 266	9. 93 344	7	5
56	9. 71 100	21	9. 77 763	28	0. 22 237	9. 93 337	8	4
57	9. 71 121	21	9. 77 791	29	0. 22 209	9. 93 329	7	3
58	9. 71 142	21	9. 77 820	29	0. 22 180	9. 93 322	8	2
59	9. 71 163	21	9. 77 849	28	0. 22 151	9. 93 314	7	1
60	9. 71 184		9. 77 877		0. 22 123	9. 93 307		0
'	lg cos	d	lg ctg	d c	lg tg	lg sin	d	'

P P

	30	29	28
1	0,5	0,5	0,5
2	1,0	1,0	0,9
3	1,5	1,4	1,4
4	2,0	1,9	1,9
5	2,5	2,4	2,3
6	3,0	2,9	2,8
7	3,5	3,4	3,3
8	4,0	3,9	3,7
9	4,5	4,4	4,2
10	5,0	4,8	4,7
20	10,0	9,7	9,3
30	15,0	14,5	14,0
40	20,0	19,3	18,7
50	25,0	24,2	23,3

	22	21
1	0,4	0,4
2	0,7	0,7
3	1,1	1,0
4	1,5	1,4
5	1,8	1,8
6	2,2	2,1
7	2,6	2,4
8	2,9	2,8
9	3,3	3,2
10	3,7	3,5
20	7,3	7,0
30	11,0	10,5
40	14,7	14,0
50	18,3	17,5

	8	7
1	0,1	0,1
2	0,3	0,2
3	0,4	0,4
4	0,5	0,5
5	0,7	0,6
6	0,8	0,7
7	0,9	0,8
8	1,1	0,9
9	1,2	1,0
10	1,3	1,2
20	2,7	2,3
30	4,0	3,5
40	5,3	4,7
50	6,7	5,8

P P

59°

31°

′	lg sin	d	lg tg	d c	lg ctg	lg cos	d	′
0	9.71 184	21	9.77 877	29	0.22 123	9.93 307	8	60
1	9.71 205	21	9.77 906	29	0.22 094	9.93 299	8	59
2	9.71 226	21	9.77 935	28	0.22 065	9.93 291	7	58
3	9.71 247	21	9.77 963	29	0.22 037	9.93 284	8	57
4	9.71 268	21	9.77 992	28	0.22 008	9.93 276	7	56
5	9.71 289	21	9.78 020	29	0.21 980	9.93 269	8	55
6	9.71 310	21	9.78 049	28	0.21 951	9.93 261	8	54
7	9.71 331	21	9.78 077	29	0.21 923	9.93 253	7	53
8	9.71 352	21	9.78 106	29	0.21 894	9.93 246	8	52
9	9.71 373	20	9.78 135	28	0.21 865	9.93 238	8	51
10	9.71 393	21	9.78 163	29	0.21 837	9.93 230	7	50
11	9.71 414	21	9.78 192	28	0.21 808	9.93 223	8	49
12	9.71 435	21	9.78 220	29	0.21 780	9.93 215	8	48
13	9.71 456	21	9.78 249	28	0.21 751	9.93 207	7	47
14	9.71 477	21	9.78 277	29	0.21 723	9.93 200	8	46
15	9.71 498	21	9.78 306	28	0.21 694	9.93 192	8	45
16	9.71 519	20	9.78 334	29	0.21 666	9.93 184	7	44
17	9.71 539	21	9.78 363	28	0.21 637	9.93 177	8	43
18	9.71 560	21	9.78 391	28	0.21 609	9.93 169	8	42
19	9.71 581	21	9.78 419	29	0.21 581	9.93 161	7	41
20	9.71 602	20	9.78 448	28	0.21 552	9.93 154	8	40
21	9.71 622	21	9.78 476	29	0.21 524	9.93 146	8	39
22	9.71 643	21	9.78 505	28	0.21 495	9.93 138	7	38
23	9.71 664	21	9.78 533	29	0.21 467	9.93 131	8	37
24	9.71 685	20	9.78 562	28	0.21 438	9.93 123	8	36
25	9.71 705	21	9.78 590	28	0.21 410	9.93 115	7	35
26	9.71 726	21	9.78 618	29	0.21 382	9.93 108	8	34
27	9.71 747	20	9.78 647	28	0.21 353	9.93 100	8	33
28	9.71 767	21	9.78 675	29	0.21 325	9.93 092	8	32
29	9.71 788	21	9.78 704	28	0.21 296	9.93 084	7	31
30	9.71 809	20	9.78 732	28	0.21 268	9.93 077	8	30
31	9.71 829	21	9.78 760	29	0.21 240	9.93 069	8	29
32	9.71 850	20	9.78 789	28	0.21 211	9.93 061	8	28
33	9.71 870	21	9.78 817	28	0.21 183	9.93 053	7	27
34	9.71 891	20	9.78 845	29	0.21 155	9.93 046	8	26
35	9.71 911	21	9.78 874	28	0.21 126	9.93 038	8	25
36	9.71 932	20	9.78 902	28	0.21 098	9.93 030	8	24
37	9.71 952	21	9.78 930	29	0.21 070	9.93 022	8	23
38	9.71 973	21	9.78 959	28	0.21 041	9.93 014	7	22
39	9.71 994	20	9.78 987	28	0.21 013	9.93 007	8	21
40	9.72 014	20	9.79 015	28	0.20 985	9.92 999	8	20
41	9.72 034	21	9.79 043	29	0.20 957	9.92 991	8	19
42	9.72 055	20	9.79 072	28	0.20 928	9.92 983	7	18
43	9.72 075	21	9.79 100	28	0.20 900	9.92 976	8	17
44	9.72 096	20	9.79 128	28	0.20 872	9.92 968	8	16
45	9.72 116	21	9.79 156	29	0.20 844	9.92 960	8	15
46	9.72 137	20	9.79 185	28	0.20 815	9.92 952	8	14
47	9.72 157	20	9.79 213	28	0.20 787	9.92 944	8	13
48	9.72 177	21	9.79 241	28	0.20 759	9.92 936	7	12
49	9.72 198	20	9.79 269	28	0.20 731	9.92 929	8	11
50	9.72 218	20	9.79 297	29	0.20 703	9.92 921	8	10
51	9.72 238	21	9.79 326	28	0.20 674	9.92 913	8	9
52	9.72 259	20	9.79 354	28	0.20 646	9.92 905	8	8
53	9.72 279	20	9.79 382	28	0.20 618	9.92 897	8	7
54	9.72 299	21	9.79 410	28	0.20 590	9.92 889	8	6
55	9.72 320	20	9.79 438	28	0.20 562	9.92 881	7	5
56	9.72 340	20	9.79 466	29	0.20 534	9.92 874	8	4
57	9.72 360	21	9.79 495	28	0.20 505	9.92 866	8	3
58	9.72 381	20	9.79 523	28	0.20 477	9.92 858	8	2
59	9.72 401	20	9.79 551	28	0.20 449	9.92 850	8	1
60	9.72 421		9.79 579		0.20 421	9.92 842		0
′	lg cos	d	lg ctg	d c	lg tg	lg sin	d	′

P P

	29	28
1	0,5	0,5
2	1,0	0,9
3	1,4	1,4
4	1,9	1,9
5	2,4	2,3
6	2,9	2,8
7	3,4	3,3
8	3,9	3,7
9	4,4	4,2
10	4,8	4,7
20	9,7	9,3
30	14,5	14,0
40	19,3	18,7
50	24,2	23,3

	21	20
1	0,4	0,3
2	0,7	0,7
3	1,0	1,0
4	1,4	1,3
5	1,8	1,7
6	2,1	2,0
7	2,4	2,3
8	2,8	2,7
9	3,2	3,0
10	3,5	3,3
20	7,0	6,7
30	10,5	10,0
40	14,0	13,3
50	17,5	16,7

	8	7
1	0,1	0,1
2	0,3	0,2
3	0,4	0,4
4	0,5	0,5
5	0,7	0;6
6	0,8	0,7
7	0,9	0,8
8	1,1	0,9
9	1,2	1,0
10	1,3	1,2
20	2,7	2,3
30	4,0	3,5
40	5,3	4,7
50	6,7	5,8

P P

58°

32°

′	lg sin	d	lg tg	d c	lg ctg	lg cos	d	′
0	9. 72 421	20	9. 79 579	28	0. 20 421	9. 92 842	8	60
1	9. 72 441	20	9. 79 607	28	0. 20 393	9. 92 834	8	59
2	9. 72 461	21	9. 79 635	28	0. 20 365	9. 92 826	8	58
3	9. 72 482	20	9. 79 663	28	0. 20 337	9. 92 818	8	57
4	9. 72 502	20	9. 79 691	28	0. 20 309	9. 92 810	7	56
5	9. 72 522	20	9. 79 719	28	0. 20 281	9. 92 803	8	55
6	9. 72 542	20	9. 79 747	29	0. 20 253	9. 92 795	8	54
7	9. 72 562	20	9. 79 776	28	0. 20 224	9. 92 787	8	53
8	9. 72 582	20	9. 79 804	28	0. 20 196	9. 92 779	8	52
9	9. 72 602	20	9. 79 832	28	0. 20 168	9. 92 771	8	51
10	9. 72 622	21	9. 79 860	28	0. 20 140	9. 92 763	8	50
11	9. 72 643	20	9. 79 888	28	0. 20 112	9. 92 755	8	49
12	9. 72 663	20	9. 79 916	28	0. 20 084	9. 92 747	8	48
13	9. 72 683	20	9. 79 944	28	0. 20 056	9. 92 739	8	47
14	9. 72 703	20	9. 79 972	28	0. 20 028	9. 92 731	8	46
15	9. 72 723	20	9. 80 000	28	0. 20 000	9. 92 723	8	45
16	9. 72 743	20	9. 80 028	28	0. 19 972	9. 92 715	8	44
17	9. 72 763	20	9. 80 056	28	0. 19 944	9. 92 707	8	43
18	9. 72 783	20	9. 80 084	28	0. 19 916	9. 92 699	8	42
19	9. 72 803	20	9. 80 112	28	0. 19 888	9. 92 691	8	41
20	9. 72 823	20	9. 80 140	28	0. 19 860	9. 92 683	8	40
21	9. 72 843	20	9. 80 168	27	0. 19 832	9. 92 675	8	39
22	9. 72 863	20	9. 80 195	28	0. 19 805	9. 92 667	8	38
23	9. 72 883	19	9. 80 223	28	0. 19 777	9. 92 659	8	37
24	9. 72 902	20	9. 80 251	28	0. 19 749	9. 92 651	8	36
25	9. 72 922	20	9. 80 279	28	0. 19 721	9. 92 643	8	35
26	9. 72 942	20	9. 80 307	28	0. 19 693	9. 92 635	8	34
27	9. 72 962	20	9. 80 335	28	0. 19 665	9. 92 627	8	33
28	9. 72 982	20	9. 80 363	28	0. 19 637	9. 92 619	8	32
29	9. 73 002	20	9. 80 391	28	0. 19 609	9. 92 611	8	31
30	9. 73 022	19	9. 80 419	28	0. 19 581	9. 92 603	8	30
31	9. 73 041	20	9. 80 447	27	0. 19 553	9. 92 595	8	29
32	9. 73 061	20	9. 80 474	28	0. 19 526	9. 92 587	8	28
33	9. 73 081	20	9. 80 502	28	0. 19 498	9. 92 579	8	27
34	9. 73 101	20	9. 80 530	28	0. 19 470	9. 92 571	8	26
35	9. 73 121	19	9. 80 558	28	0. 19 442	9. 92 563	8	25
36	9. 73 140	20	9. 80 586	28	0. 19 414	9. 92 555	9	24
37	9. 73 160	20	9. 80 614	28	0. 19 386	9. 92 546	8	23
38	9. 73 180	20	9. 80 642	27	0. 19 358	9. 92 538	8	22
39	9. 73 200	19	9. 80 669	28	0. 19 331	9. 92 530	8	21
40	9. 73 219	20	9. 80 697	28	0. 19 303	9. 92 522	8	20
41	9. 73 239	20	9. 80 725	28	0. 19 275	9. 92 514	8	19
42	9. 73 259	19	9. 80 753	28	0. 19 247	9. 92 506	8	18
43	9. 73 278	20	9. 80 781	27	0. 19 219	9. 92 498	8	17
44	9. 73 298	20	9. 80 808	28	0. 19 192	9. 92 490	8	16
45	9. 73 318	19	9. 80 836	28	0. 19 164	9. 92 482	9	15
46	9. 73 337	20	9. 80 864	28	0. 19 136	9. 92 473	8	14
47	9. 73 357	20	9. 80 892	27	0. 19 108	9. 92 465	8	13
48	9. 73 377	19	9. 80 919	28	0. 19 081	9. 92 457	8	12
49	9. 73 396	20	9. 80 947	28	0. 19 053	9. 92 449	8	11
50	9. 73 416	19	9. 80 975	28	0. 19 025	9. 92 441	8	10
51	9. 73 435	20	9. 81 003	27	0. 18 997	9. 92 433	8	9
52	9. 73 455	19	9. 81 030	28	0. 18 970	9. 92 425	9	8
53	9. 73 474	20	9. 81 058	28	0. 18 942	9. 92 416	8	7
54	9. 73 494	19	9. 81 086	27	0. 18 914	9. 92 408	8	6
55	9. 73 513	20	9. 81 113	28	0. 18 887	9. 92 400	8	5
56	9. 73 533	19	9. 81 141	28	0. 18 859	9. 92 392	8	4
57	9. 73 552	20	9. 81 169	27	0. 18 831	9. 92 384	8	3
58	9. 73 572	19	9. 81 196	28	0. 18 804	9. 92 376	9	2
59	9. 73 591	20	9. 81 224	28	0. 18 776	9. 92 367	8	1
60	9. 73 611		9. 81 252		0. 18 748	9. 92 359		0
′	lg cos	d	lg ctg	d c	lg tg	lg sin	d	′

P P

	29	28	27
1	0,5	0,5	0,4
2	1,0	0,9	0,9
3	1,4	1,4	1,4
4	1,9	1,9	1,8
5	2,4	2,3	2,2
6	2,9	2,8	2,7
7	3,4	3,3	3,2
8	3,9	3,7	3,6
9	4,4	4,2	4,0
10	4,8	4,7	4,5
20	9,7	9,3	9,0
30	14,5	14,0	13,5
40	19,3	18,7	18,0
50	24,2	23,3	22,5

	21	20	19
1	0,4	0,3	0,3
2	0,7	0,7	0,6
3	1,0	1,0	1,0
4	1,4	1,3	1,3
5	1,8	1,7	1,6
6	2,1	2,0	1,9
7	2,4	2,3	2,2
8	2,8	2,7	2,5
9	3,2	3,0	2,8
10	3,5	3,3	3,2
20	7,0	6,7	6,3
30	10,5	10,0	9,5
40	14,0	13,3	12,7
50	17,5	16,7	15,8

	9	8	7
1	0,2	0,1	0,1
2	0,3	0,3	0,2
3	0,4	0,4	0,4
4	0,6	0,5	0,5
5	0,8	0,7	0,6
6	0,9	0,8	0,7
7	1,0	0,9	0,8
8	1,2	1,1	0,9
9	1,4	1,2	1,0
10	1,5	1,3	1,2
20	3,0	2,7	2,3
30	4,5	4,0	3,5
40	6,0	5,3	4,7
50	7,5	6,7	5,8

P P

57°

33°

′	lg sin	d	lg tg	d c	lg ctg	lg cos	d	′
0	9. 73 611	19	9. 81 252	27	0. 18 748	9. 92 359	8	60
1	9. 73 630	20	9. 81 279	28	0. 18 721	9. 92 351	8	59
2	9. 73 650	19	9. 81 307	28	0. 18 693	9. 92 343	8	58
3	9. 73 669	20	9. 81 335	27	0. 18 665	9. 92 335	9	57
4	9. 73 689	19	9. 81 362	28	0. 18 638	9. 92 326	8	56
5	9. 73 708	19	9. 81 390	28	0. 18 610	9. 92 318	8	55
6	9. 73 727	20	9. 81 418	27	0. 18 582	9. 92 310	8	54
7	9. 73 747	19	9. 81 445	28	0. 18 555	9. 92 302	9	53
8	9. 73 766	19	9. 81 473	27	0. 18 527	9. 92 293	8	52
9	9. 73 785	20	9. 81 500	28	0. 18 500	9. 92 285	8	51
10	9. 73 805	19	9. 81 528	28	0. 18 472	9. 92 277	8	50
11	9. 73 824	19	9. 81 556	27	0. 18 444	9. 92 269	9	49
12	9. 73 843	20	9. 81 583	28	0. 18 417	9. 92 260	8	48
13	9. 73 863	19	9. 81 611	27	0. 18 389	9. 92 252	8	47
14	9. 73 882	19	9. 81 638	28	0. 18 362	9. 92 244	9	46
15	9. 73 901	20	9. 81 666	27	0. 18 334	9. 92 235	8	45
16	9. 73 921	19	9. 81 693	28	0. 18 307	9. 92 227	8	44
17	9. 73 940	19	9. 81 721	27	0. 18 279	9. 92 219	8	43
18	9. 73 959	19	9. 81 748	28	0. 18 252	9. 92 211	9	42
19	9. 73 978	19	9. 81 776	27	0. 18 224	9. 92 202	8	41
20	9. 73 997	20	9. 81 803	28	0. 18 197	9. 92 194	8	40
21	9. 74 017	19	9. 81 831	27	0. 18 169	9. 92 186	9	39
22	9. 74 036	19	9. 81 858	28	0. 18 142	9. 92 177	8	38
23	9. 74 055	19	9. 81 886	27	0. 18 114	9. 92 169	8	37
24	9. 74 074	19	9. 81 913	28	0. 18 087	9. 92 161	9	36
25	9. 74 093	20	9. 81 941	27	0. 18 059	9. 92 152	8	35
26	9. 74 113	19	9. 81 968	28	0. 18 032	9. 92 144	8	34
27	9. 74 132	19	9. 81 996	27	0. 18 004	9. 92 136	9	33
28	9. 74 151	19	9. 82 023	28	0. 17 977	9. 92 127	8	32
29	9. 74 170	19	9. 82 051	27	0. 17 949	9. 92 119	8	31
30	9. 74 189	19	9. 82 078	28	0. 17 922	9. 92 111	9	30
31	9. 74 208	19	9. 82 106	27	0. 17 894	9. 92 102	8	29
32	9. 74 227	19	9. 82 133	28	0. 17 867	9. 92 094	8	28
33	9. 74 246	19	9. 82 161	27	0. 17 839	9. 92 086	9	27
34	9. 74 265	19	9. 82 188	27	0. 17 812	9. 92 077	8	26
35	9. 74 284	19	9. 82 215	28	0. 17 785	9. 92 069	9	25
36	9. 74 303	19	9. 82 243	27	0. 17 757	9. 92 060	8	24
37	9. 74 322	19	9. 82 270	28	0. 17 730	9. 92 052	8	23
38	9. 74 341	19	9. 82 298	27	0. 17 702	9. 92 044	9	22
39	9. 74 360	19	9. 82 325	27	0. 17 675	9. 92 035	8	21
40	9. 74 379	19	9. 82 352	28	0. 17 648	9. 92 027	9	20
41	9. 74 398	19	9. 82 380	27	0. 17 620	9. 92 018	8	19
42	9. 74 417	19	9. 82 407	28	0. 17 593	9. 92 010	8	18
43	9. 74 436	19	9. 82 435	27	0. 17 565	9. 92 002	9	17
44	9. 74 455	19	9. 82 462	27	0. 17 538	9. 91 993	8	16
45	9. 74 474	19	9. 82 489	28	0. 17 511	9. 91 985	9	15
46	9. 74 493	19	9. 82 517	27	0. 17 483	9. 91 976	8	14
47	9. 74 512	19	9. 82 544	27	0. 17 456	9. 91 968	9	13
48	9. 74 531	18	9. 82 571	28	0. 17 429	9. 91 959	8	12
49	9. 74 549	19	9. 82 599	27	0. 17 401	9. 91 951	9	11
50	9. 74 568	19	9. 82 626	27	0. 17 374	9. 91 942	8	10
51	9. 74 587	19	9. 82 653	28	0. 17 347	9. 91 934	9	9
52	9. 74 606	19	9. 82 681	27	0. 17 319	9. 91 925	8	8
53	9. 74 625	19	9. 82 708	27	0. 17 292	9. 91 917	9	7
54	9. 74 644	18	9. 82 735	27	0. 17 265	9. 91 908	8	6
55	9. 74 662	19	9. 82 762	28	0. 17 238	9. 91 900	9	5
56	9. 74 681	19	9. 82 790	27	0. 17 210	9. 91 891	8	4
57	9. 74 700	19	9. 82 817	27	0. 17 183	9. 91 883	9	3
58	9. 74 719	18	9. 82 844	27	0. 17 156	9. 91 874	8	2
59	9. 74 737	19	9. 82 871	28	0. 17 129	9. 91 866	9	1
60	9. 74 756		9. 82 899		0. 17 101	9. 91 857		0
′	lg cos	d	lg ctg	d c	lg tg	lg sin	d	′

P P

	28	27
1	0,5	0,4
2	0,9	0,9
3	1,4	1,4
4	1,9	1,8
5	2,3	2,2
6	2,8	2,7
7	3,3	3,2
8	3,7	3,6
9	4,2	4,0
10	4,7	4,5
20	9,3	9,0
30	14,0	13,5
40	18,7	18,0
50	23,3	22,5

	20	19	18
1	0,3	0,3	0,3
2	0,7	0,6	0,6
3	1,0	1,0	0,9
4	1,3	1,3	1,2
5	1,7	1,6	1,5
6	2,0	1,9	1,8
7	2,3	2,2	2,1
8	2,7	2,5	2,4
9	3,0	2,8	2,7
10	3,3	3,2	3,0
20	6,7	6,3	6,0
30	10,0	9,5	9,0
40	13,3	12,7	12,0
50	16,7	15,8	15,0

	9	8
1	0,2	0,1
2	0,3	0,3
3	0,4	0,4
4	0,6	0,5
5	0,8	0,7
6	0,9	0,8
7	1,0	0,9
8	1,2	1,1
9	1,4	1,2
10	1,5	1,3
20	3,0	2,7
30	4,5	4,0
40	6,0	5,3
50	7,5	6,7

P P

56°

34°

′	lg sin	d	lg tg	d c	lg ctg	lg cos	d	′
0	9.74 756	19	9.82 899	27	0.17 101	9.91 857	8	60
1	9.74 775	19	9.82 926	27	0.17 074	9.91 849	9	59
2	9.74 794	18	9.82 953	27	0.17 047	9.91 840	8	58
3	9.74 812	19	9.82 980	28	0.17 020	9.91 832	9	57
4	9.74 831	19	9.83 008	27	0.16 992	9.91 823	8	56
5	9.74 850	18	9.83 035	27	0.16 965	9.91 815	9	55
6	9.74 868	19	9.83 062	27	0.16 938	9.91 806	8	54
7	9.74 887	19	9.83 089	28	0.16 911	9.91 798	9	53
8	9.74 906	18	9.83 117	27	0.16 883	9.91 789	8	52
9	9.74 924	19	9.83 144	27	0.16 856	9.91 781	9	51
10	9.74 943	18	9.83 171	27	0.16 829	9.91 772	9	50
11	9.74 961	19	9.83 198	27	0.16 802	9.91 763	8	49
12	9.74 980	19	9.83 225	27	0.16 775	9.91 755	9	48
13	9.74 999	18	9.83 252	28	0.16 748	9.91 746	8	47
14	9.75 017	19	9.83 280	27	0.16 720	9.91 738	9	46
15	9.75 036	18	9.83 307	27	0.16 693	9.91 729	9	45
16	9.75 054	19	9.83 334	27	0.16 666	9.91 720	8	44
17	9.75 073	18	9.83 361	27	0.16 639	9.91 712	9	43
18	9.75 091	19	9.83 388	27	0.16 612	9.91 703	8	42
19	9.75 110	18	9.83 415	27	0.16 585	9.91 695	9	41
20	9.75 128	19	9.83 442	28	0.16 558	9.91 686	9	40
21	9.75 147	18	9.83 470	27	0.16 530	9.91 677	8	39
22	9.75 165	19	9.83 497	27	0.16 503	9.91 669	9	38
23	9.75 184	18	9.83 524	27	0.16 476	9.91 660	9	37
24	9.75 202	19	9.83 551	27	0.16 449	9.91 651	8	36
25	9.75 221	18	9.83 578	27	0.16 422	9.91 643	9	35
26	9.75 239	19	9.83 605	27	0.16 395	9.91 634	9	34
27	9.75 258	18	9.83 632	27	0.16 368	9.91 625	8	33
28	9.75 276	18	9.83 659	27	0.16 341	9.91 617	9	32
29	9.75 294	19	9.83 686	27	0.16 314	9.91 608	9	31
30	9.75 313	18	9.83 713	27	0.16 287	9.91 599	8	30
31	9.75 331	19	9.83 740	28	0.16 260	9.91 591	9	29
32	9.75 350	18	9.83 768	27	0.16 232	9.91 582	9	28
33	9.75 368	18	9.83 795	27	0.16 205	9.91 573	8	27
34	9.75 386	19	9.83 822	27	0.16 178	9.91 565	9	26
35	9.75 405	18	9.83 849	27	0.16 151	9.91 556	9	25
36	9.75 423	18	9.83 876	27	0.16 124	9.91 547	9	24
37	9.75 441	18	9.83 903	27	0.16 097	9.91 538	8	23
38	9.75 459	19	9.83 930	27	0.16 070	9.91 530	9	22
39	9.75 478	18	9.83 957	27	0.16 043	9.91 521	9	21
40	9.75 496	18	9.83 984	27	0.16 016	9.91 512	8	20
41	9.75 514	19	9.84 011	27	0.15 989	9.91 504	9	19
42	9.75 533	18	9.84 038	27	0.15 962	9.91 495	9	18
43	9.75 551	18	9.84 065	27	0.15 935	9.91 486	9	17
44	9.75 569	18	9.84 092	27	0.15 908	9.91 477	8	16
45	9.75 587	18	9.84 119	27	0.15 881	9.91 469	9	15
46	9.75 605	19	9.84 146	27	0.15 854	9.91 460	9	14
47	9.75 624	18	9.84 173	27	0.15 827	9.91 451	9	13
48	9.75 642	18	9.84 200	27	0.15 800	9.91 442	9	12
49	9.75 660	18	9.84 227	27	0.15 773	9.91 433	8	11
50	9.75 678	18	9.84 254	26	0.15 746	9.91 425	9	10
51	9.75 696	18	9.84 280	27	0.15 720	9.91 416	9	9
52	9.75 714	19	9.84 307	27	0.15 693	9.91 407	9	8
53	9.75 733	18	9.84 334	27	0.15 666	9.91 398	9	7
54	9.75 751	18	9.84 361	27	0.15 639	9.91 389	8	6
55	9.75 769	18	9.84 388	27	0.15 612	9.91 381	9	5
56	9.75 787	18	9.84 415	27	0.15 585	9.91 372	9	4
57	9.75 805	18	9.84 442	27	0.15 558	9.91 363	9	3
58	9.75 823	18	9.84 469	27	0.15 531	9.91 354	9	2
59	9.75 841	18	9.84 496	27	0.15 504	9.91 345	9	1
60	9.75 859		9.84 523		0.15 477	9.91 336		0
′	lg cos	d	lg ctg	d c	lg tg	lg sin	d	′

P P

	28	27	26
1	0,5	0,4	0,4
2	0,9	0,9	0,9
3	1,4	1,4	1,3
4	1,9	1,8	1,7
5	2,3	2,2	2,2
6	2,8	2,7	2,6
7	3,3	3,2	3,0
8	3,7	3,6	3,5
9	4,2	4,0	3,9
10	4,7	4,5	4,3
20	9,3	9,0	8,7
30	14,0	13,5	13,0
40	18,7	18,0	17,3
50	23,3	22,5	21,7

	19	18
1	0,3	0,3
2	0,6	0,6
3	1,0	0,9
4	1,3	1,2
5	1,6	1,5
6	1,9	1,8
7	2,2	2,1
8	2,5	2,4
9	2,8	2,7
10	3,2	3,0
20	6,3	6,0
30	9,5	9,0
40	12,7	12,0
50	15,8	15,0

	9	8
1	0,2	0,1
2	0,3	0,3
3	0,4	0,4
4	0,6	0,5
5	0,8	0,7
6	0,9	0,8
7	1,0	0,9
8	1,2	1,1
9	1,4	1,2
10	1,5	1,3
20	3,0	2,7
30	4,5	4,0
40	6,0	5,3
50	7,5	6,7

P P

55°

35°

'	lg sin	d	lg tg	d c	lg ctg	lg cos	d	'
0	9. 75 859		9. 84 523		0. 15 477	9. 91 336		**60**
1	9. 75 877	18	9. 84 550	27	0. 15 450	9. 91 328	8	59
2	9. 75 895	18	9. 84 576	26	0. 15 424	9. 91 319	9	58
3	9. 75 913	18	9. 84 603	27	0. 15 397	9. 91 310	9	57
4	9. 75 931	18	9. 84 630	27	0. 15 370	9. 91 301	9	56
5	9. 75 949	18	9. 84 657	27	0. 15 343	9. 91 292	9	55
6	9. 75 967	18	9. 84 684	27	0. 15 316	9. 91 283	9	54
7	9. 75 985	18	9. 84 711	27	0. 15 289	9. 91 274	9	53
8	9. 76 003	18	9. 84 738	27	0. 15 262	9. 91 266	8	52
9	9. 76 021	18	9. 84 764	26	0. 15 236	9. 91 257	9	51
10	9. 76 039	18	9. 84 791	27	0. 15 209	9. 91 248	9	**50**
11	9. 76 057	18	9. 84 818	27	0. 15 182	9. 91 239	9	49
12	9. 76 075	18	9. 84 845	27	0. 15 155	9. 91 230	9	48
13	9. 76 093	18	9. 84 872	27	0. 15 128	9. 91 221	9	47
14	9. 76 111	18	9. 84 899	27	0. 15 101	9. 91 212	9	46
15	9. 76 129	18	9. 84 925	26	0. 15 075	9. 91 203	9	45
16	9. 76 146	17	9. 84 952	27	0. 15 048	9. 91 194	9	44
17	9. 76 164	18	9. 84 979	27	0. 15 021	9. 91 185	9	43
18	9. 76 182	18	9. 85 006	27	0. 14 994	9. 91 176	9	42
19	9. 76 200	18	9. 85 033	27	0. 14 967	9. 91 167	9	41
20	9. 76 218	18	9. 85 059	26	0. 14 941	9. 91 158	9	**40**
21	9. 76 236	18	9. 85 086	27	0. 14 914	9. 91 149	9	39
22	9. 76 253	17	9. 85 113	27	0. 14 887	9. 91 141	8	38
23	9. 76 271	18	9. 85 140	27	0. 14 860	9. 91 132	9	37
24	9. 76 289	18	9. 85 166	26	0. 14 834	9. 91 123	9	36
25	9. 76 307	18	9. 85 193	27	0. 14 807	9. 91 114	9	35
26	9. 76 324	17	9. 85 220	27	0. 14 780	9. 91 105	9	34
27	9. 76 342	18	9. 85 247	27	0. 14 753	9. 91 096	9	33
28	9. 76 360	18	9. 85 273	26	0. 14 727	9. 91 087	9	32
29	9. 76 378	18	9. 85 300	27	0. 14 700	9. 91 078	9	31
30	9. 76 395	17	9. 85 327	27	0. 14 673	9. 91 069	9	**30**
31	9. 76 413	18	9. 85 354	27	0. 14 646	9. 91 060	9	29
32	9. 76 431	18	9. 85 380	26	0. 14 620	9. 91 051	9	28
33	9. 76 448	17	9. 85 407	27	0. 14 593	9. 91 042	9	27
34	9. 76 466	18	9. 85 434	27	0. 14 566	9. 91 033	9	26
35	9. 76 484	18	9. 85 460	26	0. 14 540	9. 91 023	10	25
36	9. 76 501	17	9. 85 487	27	0. 14 513	9. 91 014	9	24
37	9. 76 519	18	9. 85 514	27	0. 14 486	9. 91 005	9	23
38	9. 76 537	18	9. 85 540	26	0. 14 460	9. 90 996	9	22
39	9. 76 554	17	9. 85 567	27	0. 14 433	9. 90 987	9	21
40	9. 76 572	18	9. 85 594	27	0. 14 406	9. 90 978	9	**20**
41	9. 76 590	18	9. 85 620	26	0. 14 380	9. 90 969	9	19
42	9. 76 607	17	9. 85 647	27	0. 14 353	9. 90 960	9	18
43	9. 76 625	18	9. 85 674	27	0. 14 326	9. 90 951	9	17
44	9. 76 642	17	9. 85 700	26	0. 14 300	9. 90 942	9	16
45	9. 76 660	18	9. 85 727	27	0. 14 273	9. 90 933	9	15
46	9. 76 677	17	9. 85 754	27	0. 14 246	9. 90 924	9	14
47	9. 76 695	18	9. 85 780	26	0. 14 220	9. 90 915	9	13
48	9. 76 712	17	9. 85 807	27	0. 14 193	9. 90 906	9	12
49	9. 76 730	18	9. 85 834	27	0. 14 166	9. 90 896	10	11
50	9. 76 747	17	9. 85 860	26	0. 14 140	9. 90 887	9	**10**
51	9. 76 765	18	9. 85 887	27	0. 14 113	9. 90 878	9	9
52	9. 76 782	17	9. 85 913	26	0. 14 087	9. 90 869	9	8
53	9. 76 800	18	9. 85 940	27	0. 14 060	9. 90 860	9	7
54	9. 76 817	17	9. 85 967	27	0. 14 033	9. 90 851	9	6
55	9. 76 835	18	9. 85 993	26	0. 14 007	9. 90 842	9	5
56	9. 76 852	17	9. 86 020	27	0. 13 980	9. 90 832	10	4
57	9. 76 870	18	9. 86 046	26	0. 13 954	9. 90 823	9	3
58	9. 76 887	17	9. 86 073	27	0. 13 927	9. 90 814	9	2
59	9. 76 904	17	9. 86 100	27	0. 13 900	9. 90 805	9	1
60	9. 76 922	18	9. 86 126	26	0. 13 874	9. 90 796	9	**0**
'	lg cos	d	lg ctg	d c	lg tg	lg sin	d	'

P P

	27	26
1	0,4	0,4
2	0,9	0,9
3	1,4	1,3
4	1,8	1,7
5	2,2	2,2
6	2,7	2,6
7	3,2	3,0
8	3,6	3,5
9	4,0	3,9
10	4,5	4,3
20	9,0	8,7
30	13,5	13,0
40	18,0	17,3
50	22,5	21,7

	18	17
1	0,3	0,3
2	0,6	0,6
3	0,9	0,8
4	1,2	1,1
5	1,5	1,4
6	1,8	1,7
7	2,1	2,0
8	2,4	2,3
9	2,7	2,6
10	3,0	2,8
20	6,0	5,7
30	9,0	8,5
40	12,0	11,3
50	15,0	14,2

	10	9	8
1	0,2	0,2	0,1
2	0,3	0,3	0,3
3	0,5	0,4	0,4
4	0,7	0,6	0,5
5	0,8	0,8	0,7
6	1,0	0,9	0,8
7	1,2	1,0	0,9
8	1,3	1,2	1,1
9	1,5	1,4	1,2
10	1,7	1,5	1,3
20	3,3	3,0	2,7
30	5,0	4,5	4,0
40	6,7	6,0	5,3
50	8,3	7,5	6,7

P P

54°

36°

'	lg sin	d	lg tg	d c	lg ctg	lg cos	d	'
0	9. 76 922	17	9. 86 126	27	0. 13 874	9. 90 796	9	60
1	9. 76 939	18	9. 86 153	26	0. 13 847	9. 90 787	10	59
2	9. 76 957	17	9. 86 179	27	0. 13 821	9. 90 777	9	58
3	9. 76 974	17	9. 86 206	26	0. 13 794	9. 90 768	9	57
4	9. 76 991	18	9. 86 232	27	0. 13 768	9. 90 759	9	56
5	9. 77 009	17	9. 86 259	26	0. 13 741	9. 90 750	9	55
6	9. 77 026	17	9. 86 285	27	0. 13 715	9. 90 741	10	54
7	9. 77 043	18	9. 86 312	26	0. 13 688	9. 90 731	9	53
8	9. 77 061	17	9. 86 338	27	0. 13 662	9. 90 722	9	52
9	9. 77 078	17	9. 86 365	27	0. 13 635	9. 90 713	9	51
10	9. 77 095	17	9. 86 392	26	0. 13 608	9. 90 704	10	50
11	9. 77 112	18	9. 86 418	27	0. 13 582	9. 90 694	9	49
12	9. 77 130	17	9. 86 445	26	0. 13 555	9. 90 685	9	48
13	9. 77 147	17	9. 86 471	27	0. 13 529	9. 90 676	9	47
14	9. 77 164	17	9. 86 498	26	0. 13 502	9. 90 667	10	46
15	9. 77 181	18	9. 86 524	27	0. 13 476	9. 90 657	9	45
16	9. 77 199	17	9. 86 551	26	0. 13 449	9. 90 648	9	44
17	9. 77 216	17	9. 86 577	26	0. 13 423	9. 90 639	9	43
18	9. 77 233	17	9. 86 603	27	0. 13 397	9. 90 630	10	42
19	9. 77 250	18	9. 86 630	26	0. 13 370	9. 90 620	9	41
20	9. 77 268	17	9. 86 656	27	0. 13 344	9. 90 611	9	40
21	9. 77 285	17	9. 86 683	26	0. 13 317	9. 90 602	10	39
22	9. 77 302	17	9. 86 709	27	0. 13 291	9. 90 592	9	38
23	9. 77 319	17	9. 86 736	26	0. 13 264	9. 90 583	9	37
24	9. 77 336	17	9. 86 762	27	0. 13 238	9. 90 574	9	36
25	9. 77 353	17	9. 86 789	26	0. 13 211	9. 90 565	10	35
26	9. 77 370	17	9. 86 815	27	0. 13 185	9. 90 555	9	34
27	9. 77 387	18	9. 86 842	26	0. 13 158	9. 90 546	9	33
28	9. 77 405	17	9. 86 868	26	0. 13 132	9. 90 537	10	32
29	9. 77 422	17	9. 86 894	27	0. 13 106	9. 90 527	9	31
30	9. 77 439	17	9. 86 921	26	0. 13 079	9. 90 518	9	30
31	9. 77 456	17	9. 86 947	27	0. 13 053	9. 90 509	10	29
32	9. 77 473	17	9. 86 974	26	0. 13 026	9. 90 499	9	28
33	9. 77 490	17	9. 87 000	27	0. 13 000	9. 90 490	10	27
34	9. 77 507	17	9. 87 027	26	0. 12 973	9. 90 480	9	26
35	9. 77 524	17	9. 87 053	26	0. 12 947	9. 90 471	9	25
36	9. 77 541	17	9. 87 079	27	0. 12 921	9. 90 462	10	24
37	9. 77 558	17	9. 87 106	26	0. 12 894	9. 90 452	9	23
38	9. 77 575	17	9. 87 132	26	0. 12 868	9. 90 443	9	22
39	9. 77 592	17	9. 87 158	27	0. 12 842	9. 90 434	10	21
40	9. 77 609	17	9. 87 185	26	0. 12 815	9. 90 424	9	20
41	9. 77 626	17	9. 87 211	27	0. 12 789	9. 90 415	10	19
42	9. 77 643	17	9. 87 238	26	0. 12 762	9. 90 405	9	18
43	9. 77 660	17	9. 87 264	26	0. 12 736	9. 90 396	10	17
44	9. 77 677	17	9. 87 290	27	0. 12 710	9. 90 386	9	16
45	9. 77 694	17	9. 87 317	26	0. 12 683	9. 90 377	9	15
46	9. 77 711	17	9. 87 343	26	0. 12 657	9. 90 368	10	14
47	9. 77 728	16	9. 87 369	27	0. 12 631	9. 90 358	9	13
48	9. 77 744	17	9. 87 396	26	0. 12 604	9. 90 349	10	12
49	9. 77 761	17	9. 87 422	26	0. 12 578	9. 90 339	9	11
50	9. 77 778	17	9. 87 448	27	0. 12 552	9. 90 330	10	10
51	9. 77 795	17	9. 87 475	26	0. 12 525	9. 90 320	9	9
52	9. 77 812	17	9. 87 501	26	0. 12 499	9. 90 311	10	8
53	9. 77 829	17	9. 87 527	27	0. 12 473	9. 90 301	9	7
54	9. 77 846	16	9. 87 554	26	0. 12 446	9. 90 292	10	6
55	9. 77 862	17	9. 87 580	26	0. 12 420	9. 90 282	9	5
56	9. 77 879	17	9. 87 606	27	0. 12 394	9. 90 273	10	4
57	9. 77 896	17	9. 87 633	26	0. 12 367	9. 90 263	9	3
58	9. 77 913	17	9. 87 659	26	0. 12 341	9. 90 254	10	2
59	9. 77 930	16	9. 87 685	26	0. 12 315	9. 90 244	9	1
60	9. 77 946		9. 87 711		0. 12 289	9. 90 235		0
'	lg cos	d	lg ctg	d c	lg tg	lg sin	d	'

P P

	27	26
1	0,4	0,4
2	0,9	0,9
3	1,4	1,3
4	1,8	1,7
5	2,2	2,2
6	2,7	2,6
7	3,2	3,0
8	3,6	3,5
9	4,0	3,9
10	4,5	4,3
20	9,0	8,7
30	13,5	13,0
40	18,0	17,3
50	22,5	21,7

	18	17	16
1	0,3	0,3	0,3
2	0,6	0,6	0,5
3	0,9	0,8	0,8
4	1,2	1,1	1,1
5	1,5	1,4	1,3
6	1,8	1,7	1,6
7	2,1	2,0	1,9
8	2,4	2,3	2,1
9	2,7	2,6	2,4
10	3,0	2,8	2,7
20	6,0	5,7	5,3
30	9,0	8,5	8,0
40	12,0	11,3	10,7
50	15,0	14,2	13,3

	10	9
1	0,2	0,2
2	0,3	0,3
3	0,5	0,4
4	0,7	0,6
5	0,8	0,8
6	1,0	0,9
7	1,2	1,0
8	1,3	1,2
9	1,5	1,4
10	1,7	1,5
20	3,3	3,0
30	5,0	4,5
40	6,7	6,0
50	8,3	7,5

P P

53°

37°

′	lg sin	d	lg tg	d c	lg ctg	lg cos	d	′
0	9. 77 946	17	9. 87 711	27	0. 12 289	9. 90 235	10	60
1	9. 77 963	17	9. 87 738	26	0. 12 262	9. 90 225	9	59
2	9. 77 980	17	9. 87 764	26	0. 12 236	9. 90 216	10	58
3	9. 77 997	16	9. 87 790	27	0. 12 210	9. 90 206	9	57
4	9. 78 013	17	9. 87 817	26	0. 12 183	9. 90 197	10	56
5	9. 78 030	17	9. 87 843	26	0. 12 157	9. 90 187	9	55
6	9. 78 047	16	9. 87 869	26	0. 12 131	9. 90 178	10	54
7	9. 78 063	17	9. 87 895	27	0. 12 105	9. 90 168	9	53
8	9. 78 080	17	9. 87 922	26	0. 12 078	9. 90 159	10	52
9	9. 78 097	16	9. 87 948	26	0. 12 052	9. 90 149	10	51
10	9. 78 113	17	9. 87 974	26	0. 12 026	9. 90 139	9	50
11	9. 78 130	17	9. 88 000	27	0. 12 000	9. 90 130	10	49
12	9. 78 147	16	9. 88 027	26	0. 11 973	9. 90 120	9	48
13	9. 78 163	17	9. 88 053	26	0. 11 947	9. 90 111	10	47
14	9. 78 180	17	9. 88 079	26	0. 11 921	9. 90 101	10	46
15	9. 78 197	16	9. 88 105	26	0. 11 895	9. 90 091	9	45
16	9. 78 213	17	9. 88 131	27	0. 11 869	9. 90 082	10	44
17	9. 78 230	16	9. 88 158	26	0. 11 842	9. 90 072	9	43
18	9. 78 246	17	9. 88 184	26	0. 11 816	9. 90 063	10	42
19	9. 78 263	17	9. 88 210	26	0. 11 790	9. 90 053	10	41
20	9. 78 280	16	9. 88 236	26	0. 11 764	9. 90 043	9	40
21	9. 78 296	17	9. 88 262	27	0. 11 738	9. 90 034	10	39
22	9. 78 313	16	9. 88 289	26	0. 11 711	9. 90 024	10	38
23	9. 78 329	17	9. 88 315	26	0. 11 685	9. 90 014	9	37
24	9. 78 346	16	9. 88 341	26	0. 11 659	9. 90 005	10	36
25	9. 78 362	17	9. 88 367	26	0. 11 633	9. 89 995	10	35
26	9. 78 379	16	9. 88 393	27	0. 11 607	9. 89 985	9	34
27	9. 78 395	17	9. 88 420	26	0. 11 580	9. 89 976	10	33
28	9. 78 412	16	9. 88 446	26	0. 11 554	9. 89 966	10	32
29	9. 78 428	17	9. 88 472	26	0. 11 528	9. 89 956	9	31
30	9. 78 445	16	9. 88 498	26	0. 11 502	9. 89 947	10	30
31	9. 78 461	17	9. 88 524	26	0. 11 476	9. 89 937	10	29
32	9. 78 478	16	9. 88 550	27	0. 11 450	9. 89 927	9	28
33	9. 78 494	16	9. 88 577	26	0. 11 423	9. 89 918	10	27
34	9. 78 510	17	9. 88 603	26	0. 11 397	9. 89 908	10	26
35	9. 78 527	16	9. 88 629	26	0. 11 371	9. 89 898	10	25
36	9. 78 543	17	9. 88 655	26	0. 11 345	9. 89 888	9	24
37	9. 78 560	16	9. 88 681	26	0. 11 319	9. 89 879	10	23
38	9. 78 576	16	9. 88 707	26	0. 11 293	9. 89 869	10	22
39	9. 78 592	17	9. 88 733	26	0. 11 267	9. 89 859	10	21
40	9. 78 609	16	9. 88 759	27	0. 11 241	9. 89 849	9	20
41	9. 78 625	17	9. 88 786	26	0. 11 214	9. 89 840	10	19
42	9. 78 642	16	9. 88 812	26	0. 11 188	9. 89 830	10	18
43	9. 78 658	16	9. 88 838	26	0. 11 162	9. 89 820	10	17
44	9. 78 674	17	9. 88 864	26	0. 11 136	9. 89 810	9	16
45	9. 78 691	16	9. 88 890	26	0. 11 110	9. 89 801	10	15
46	9. 78 707	16	9. 88 916	26	0. 11 084	9. 89 791	10	14
47	9. 78 723	16	9. 88 942	26	0. 11 058	9. 89 781	10	13
48	9. 78 739	17	9. 88 968	26	0. 11 032	9. 89 771	10	12
49	9. 78 756	16	9. 88 994	26	0. 11 006	9. 89 761	9	11
50	9. 78 772	16	9. 89 020	26	0. 10 980	9. 89 752	10	10
51	9. 78 788	17	9. 89 046	27	0. 10 954	9. 89 742	10	9
52	9. 78 805	16	9. 89 073	26	0. 10 927	9. 89 732	10	8
53	9. 78 821	16	9. 89 099	26	0. 10 901	9. 89 722	10	7
54	9. 78 837	16	9. 89 125	26	0. 10 875	9. 89 712	10	6
55	9. 78 853	16	9. 89 151	26	0. 10 849	9. 89 702	9	5
56	9. 78 869	17	9. 89 177	26	0. 10 823	9. 89 693	10	4
57	9. 78 886	16	9. 89 203	26	0. 10 797	9. 89 683	10	3
58	9. 78 902	16	9. 89 229	26	0. 10 771	9. 89 673	10	2
59	9. 78 918	16	9. 89 255	26	0. 10 745	9. 89 663	10	1
60	9. 78 934		9. 89 281		0. 10 719	9. 89 653		0
′	lg cos	d	lg ctg	d c	lg tg	lg sin	d	′

P P

	27	26
1	0,4	0,4
2	0,9	0,9
3	1,4	1,3
4	1,8	1,7
5	2,2	2,2
6	2,7	2,6
7	3,2	3,0
8	3,6	3,5
9	4,0	3,9
10	4,5	4,3
20	9,0	8,7
30	13,5	13,0
40	18,0	17,3
50	22,5	21,7

	17	16
1	0,3	0,3
2	0,6	0,5
3	0,8	0,8
4	1,1	1,1
5	1,4	1,3
6	1,7	1,6
7	2,0	1,9
8	2,3	2,1
9	2,6	2,4
10	2,8	2,7
20	5,7	5,3
30	8,5	8,0
40	11,3	10,7
50	14,2	13,3

	10	9
1	0,2	0,2
2	0,3	0,3
3	0,5	0,4
4	0,7	0,6
5	0,8	0,8
6	1,0	0,9
7	1,2	1,0
8	1,3	1,2
9	1,5	1,4
10	1,7	1,5
20	3,3	3,0
30	5,0	4,5
40	6,7	6,0
50	8,3	7,5

P P

52°

′	lg sin	d	lg tg	d c	lg ctg	lg cos	d	′
0	9.78 934	16	9.89 281	26	0.10 719	9.89 653	10	60
1	9.78 950	17	9.89 307	26	0.10 693	9.89 643	10	59
2	9.78 967	16	9.89 333	26	0.10 667	9.89 633	9	58
3	9.78 983	16	9.89 359	26	0.10 641	9.89 624	10	57
4	9.78 999	16	9.89 385	26	0.10 615	9.89 614	10	56
5	9.79 015	16	9.89 411	26	0.10 589	9.89 604	10	55
6	9.79 031	16	9.89 437	26	0.10 563	9.89 594	10	54
7	9.79 047	16	9.89 463	26	0.10 537	9.89 584	10	53
8	9.79 063	16	9.89 489	26	0.10 511	9.89 574	10	52
9	9.79 079	16	9.89 515	26	0.10 485	9.89 564	10	51
10	9.79 095	16	9.89 541	26	0.10 459	9.89 554	10	50
11	9.79 111	17	9.89 567	26	0.10 433	9.89 544	10	49
12	9.79 128	16	9.89 593	26	0.10 407	9.89 534	10	48
13	9.79 144	16	9.89 619	26	0.10 381	9.89 524	10	47
14	9.79 160	16	9.89 645	26	0.10 355	9.89 514	10	46
15	9.79 176	16	9.89 671	26	0.10 329	9.89 504	9	45
16	9.79 192	16	9.89 697	26	0.10 303	9.89 495	10	44
17	9.79 208	16	9.89 723	26	0.10 277	9.89 485	10	43
18	9.79 224	16	9.89 749	26	0.10 251	9.89 475	10	42
19	9.79 240	16	9.89 775	26	0.10 225	9.89 465	10	41
20	9.79 256	16	9.89 801	26	0.10 199	9.89 455	10	40
21	9.79 272	16	9.89 827	26	0.10 173	9.89 445	10	39
22	9.79 288	16	9.89 853	26	0.10 147	9.89 435	10	38
23	9.79 304	15	9.89 879	26	0.10 121	9.89 425	10	37
24	9.79 319	16	9.89 905	26	0.10 095	9.89 415	10	36
25	9.79 335	16	9.89 931	26	0.10 069	9.89 405	10	35
26	9.79 351	16	9.89 957	26	0.10 043	9.89 395	10	34
27	9.79 367	16	9.89 983	26	0.10 017	9.89 385	10	33
28	9.79 383	16	9.90 009	26	0.09 991	9.89 375	11	32
29	9.79 399	16	9.90 035	26	0.09 965	9.89 364	10	31
30	9.79 415	16	9.90 061	25	0.09 939	9.89 354	10	30
31	9.79 431	16	9.90 086	26	0.09 914	9.89 344	10	29
32	9.79 447	16	9.90 112	26	0.09 888	9.89 334	10	28
33	9.79 463	15	9.90 138	26	0.09 862	9.89 324	10	27
34	9.79 478	16	9.90 164	26	0.09 836	9.89 314	10	26
35	9.79 494	16	9.90 190	26	0.09 810	9.89 304	10	25
36	9.79 510	16	9.90 216	26	0.09 784	9.89 294	10	24
37	9.79 526	16	9.90 242	26	0.09 758	9.89 284	10	23
38	9.79 542	16	9.90 268	26	0.09 732	9.89 274	10	22
39	9.79 558	15	9.90 294	26	0.09 706	9.89 264	10	21
40	9.79 573	16	9.90 320	26	0.09 680	9.89 254	10	20
41	9.79 589	16	9.90 346	25	0.09 654	9.89 244	11	19
42	9.79 605	16	9.90 371	26	0.09 629	9.89 233	10	18
43	9.79 621	15	9.90 397	26	0.09 603	9.89 223	10	17
44	9.79 636	16	9.90 423	26	0.09 577	9.89 213	10	16
45	9.79 652	16	9.90 449	26	0.09 551	9.89 203	10	15
46	9.79 668	16	9.90 475	26	0.09 525	9.89 193	10	14
47	9.79 684	15	9.90 501	26	0.09 499	9.89 183	10	13
48	9.79 699	16	9.90 527	26	0.09 473	9.89 173	11	12
49	9.79 715	16	9.90 553	25	0.09 447	9.89 162	10	11
50	9.79 731	15	9.90 578	26	0.09 422	9.89 152	10	10
51	9.79 746	16	9.90 604	26	0.09 396	9.89 142	10	9
52	9.79 762	16	9.90 630	26	0.09 370	9.89 132	10	8
53	9.79 778	15	9.90 656	26	0.09 344	9.89 122	10	7
54	9.79 793	16	9.90 682	26	0.09 318	9.89 112	11	6
55	9.79 809	16	9.90 708	26	0.09 292	9.89 101	10	5
56	9.79 825	15	9.90 734	25	0.09 266	9.89 091	10	4
57	9.79 840	16	9.90 759	26	0.09 241	9.89 081	10	3
58	9.79 856	16	9.90 785	26	0.09 215	9.89 071	11	2
59	9.79 872	15	9.90 811	26	0.09 189	9.89 060	10	1
60	9.79 887		9.90 837		0.09 163	9.89 050		0
′	lg cos	d	lg ctg	d c	lg tg	lg sin	d	′

P P

	26	25
1	0,4	0,4
2	0,9	0,8
3	1,3	1,2
4	1,7	1,7
5	2,2	2,1
6	2,6	2,5
7	3,0	2,9
8	3,5	3,3
9	3,9	3,8
10	4,3	4,2
20	8,7	8,3
30	13,0	12,5
40	17,3	16,7
50	21,7	20,8

	17	16	15
1	0,3	0,3	0,2
2	0,6	0,5	0,5
3	0,8	0,8	0,8
4	1,1	1,1	1,0
5	1,4	1,3	1,2
6	1,7	1,6	1,5
7	2,0	1,9	1,8
8	2,3	2,1	2,0
9	2,6	2,4	2,2
10	2,8	2,7	2,5
20	5,7	5,3	5,0
30	8,5	8,0	7,5
40	11,3	10,7	10,0
50	14,2	13,3	12,5

	11	10	9
1	0,2	0,2	0,2
2	0,4	0,3	0,3
3	0,6	0,5	0,4
4	0,7	0,7	0,6
5	0,9	0,8	0,8
6	1,1	1,0	0,9
7	1,3	1,2	1,0
8	1,5	1,3	1,2
9	1,6	1,5	1,4
10	1,8	1,7	1,5
20	3,7	3,3	3,0
30	5,5	5,0	4,5
40	7,3	6,7	6,0
50	9,2	8,3	7,5

P P

39°

′	lg sin	d	lg tg	d c	lg ctg	lg cos	d	′
0	9.79 887	16	9.90 837	26	0.09 163	9.89 050	10	60
1	9.79 903	15	9.90 863	26	0.09 137	9.89 040	10	59
2	9.79 918	16	9.90 889	25	0.09 111	9.89 030	10	58
3	9.79 934	16	9.90 914	26	0.09 086	9.89 020	11	57
4	9.79 950	15	9.90 940	26	0.09 060	9.89 009	10	56
5	9.79 965	16	9.90 966	26	0.09 034	9.88 999	10	55
6	9.79 981	15	9.90 992	26	0.09 008	9.88 989	11	54
7	9.79 996	16	9.91 018	25	0.08 982	9.88 978	10	53
8	9.80 012	15	9.91 043	26	0.08 957	9.88 968	10	52
9	9.80 027	16	9.91 069	26	0.08 931	9.88 958	10	51
10	9.80 043	15	9.91 095	26	0.08 905	9.88 948	11	50
11	9.80 058	16	9.91 121	26	0.08 879	9.88 937	10	49
12	9.80 074	15	9.91 147	25	0.08 853	9.88 927	10	48
13	9.80 089	16	9.91 172	26	0.08 828	9.88 917	11	47
14	9.80 105	15	9.91 198	26	0.08 802	9.88 906	10	46
15	9.80 120	16	9.91 224	26	0.08 776	9.88 896	10	45
16	9.80 136	15	9.91 250	26	0.08 750	9.88 886	11	44
17	9.80 151	15	9.91 276	25	0.08 724	9.88 875	10	43
18	9.80 166	16	9.91 301	26	0.08 699	9.88 865	10	42
19	9.80 182	15	9.91 327	26	0.08 673	9.88 855	11	41
20	9.80 197	16	9.91 353	26	0.08 647	9.88 844	10	40
21	9.80 213	15	9.91 379	25	0.08 621	9.88 834	10	39
22	9.80 228	16	9.91 404	26	0.08 596	9.88 824	11	38
23	9.80 244	15	9.91 430	26	0.08 570	9.88 813	10	37
24	9.80 259	15	9.91 456	26	0.08 544	9.88 803	10	36
25	9.80 274	16	9.91 482	25	0.08 518	9.88 793	11	35
26	9.80 290	15	9.91 507	26	0.08 493	9.88 782	10	34
27	9.80 305	15	9.91 533	26	0.08 467	9.88 772	11	33
28	9.80 320	16	9.91 559	26	0.08 441	9.88 761	10	32
29	9.80 336	15	9.91 585	25	0.08 415	9.88 751	10	31
30	9.80 351	15	9.91 610	26	0.08 390	9.88 741	11	30
31	9.80 366	16	9.91 636	26	0.08 364	9.88 730	10	29
32	9.80 382	15	9.91 662	26	0.08 338	9.88 720	11	28
33	9.80 397	15	9.91 688	25	0.08 312	9.88 709	10	27
34	9.80 412	16	9.91 713	26	0.08 287	9.88 699	11	26
35	9.80 428	15	9.91 739	26	0.08 261	9.88 688	10	25
36	9.80 443	15	9.91 765	26	0.08 235	9.88 678	10	24
37	9.80 458	15	9.91 791	25	0.08 209	9.88 668	11	23
38	9.80 473	16	9.91 816	26	0.08 184	9.88 657	10	22
39	9.80 489	15	9.91 842	26	0.08 158	9.88 647	11	21
40	9.80 504	15	9.91 868	25	0.08 132	9.88 636	10	20
41	9.80 519	15	9.91 893	26	0.08 107	9.88 626	11	19
42	9.80 534	16	9.91 919	26	0.08 081	9.88 615	10	18
43	9.80 550	15	9.91 945	26	0.08 055	9.88 605	11	17
44	9.80 565	15	9.91 971	25	0.08 029	9.88 594	10	16
45	9.80 580	15	9.91 996	26	0.08 004	9.88 584	11	15
46	9.80 595	15	9.92 022	26	0.07 978	9.88 573	10	14
47	9.80 610	15	9.92 048	25	0.07 952	9.88 563	11	13
48	9.80 625	16	9.92 073	26	0.07 927	9.88 552	10	12
49	9.80 641	15	9.92 099	26	0.07 901	9.88 542	11	11
50	9.80 656	15	9.92 125	25	0.07 875	9.88 531	10	10
51	9.80 671	15	9.92 150	26	0.07 850	9.88 521	11	9
52	9.80 686	15	9.92 176	26	0.07 824	9.88 510	11	8
53	9.80 701	15	9.92 202	25	0.07 798	9.88 499	10	7
54	9.80 716	15	9.92 227	26	0.07 773	9.88 489	11	6
55	9.80 731	15	9.92 253	26	0.07 747	9.88 478	10	5
56	9.80 746	16	9.92 279	25	0.07 721	9.88 468	11	4
57	9.80 762	15	9.92 304	26	0.07 696	9.88 457	10	3
58	9.80 777	15	9.92 330	26	0.07 670	9.88 447	11	2
59	9.80 792	15	9.92 356	25	0.07 644	9.88 436	11	1
60	9.80 807		9.92 381		0.07 619	9.88 425		0
′	lg cos	d	lg ctg	d c	lg tg	lg sin	d	′

P P

	26	25
1	0,4	0,4
2	0,9	0,8
3	1,3	1,2
4	1,7	1,7
5	2,2	2,1
6	2,6	2,5
7	3,0	2,9
8	3,5	3,3
9	3,9	3,8
10	4,3	4,2
20	8,7	8,3
30	13,0	12,5
40	17,3	16,7
50	21,7	20,8

	16	15
1	0,3	0,2
2	0,5	0,5
3	0,8	0,8
4	1,1	1,0
5	1,3	1,2
6	1,6	1,5
7	1,9	1,8
8	2,1	2,0
9	2,4	2,2
10	2,7	2,5
20	5,3	5,0
30	8,0	7,5
40	10,7	10,0
50	13,3	12,5

	11	10
1	0,2	0,2
2	0,4	0,3
3	0,6	0,5
4	0,7	0,7
5	0,9	0,8
6	1,1	1,0
7	1,3	1,2
8	1,5	1,3
9	1,6	1,5
10	1,8	1,7
20	3,7	3,3
30	5,5	5,0
40	7,3	6,7
50	9,2	8,3

P P

50°

40°

′	lg sin	d	lg tg	d c	lg ctg	lg cos	d	′
0	9. 80 807	15	9. 92 381	26	0. 07 619	9. 88 425	10	60
1	9. 80 822	15	9. 92 407	26	0. 07 593	9. 88 415	11	59
2	9. 80 837	15	9. 92 433	25	0. 07 567	9. 88 404	10	58
3	9. 80 852	15	9. 92 458	26	0. 07 542	9. 88 394	11	57
4	9. 80 867	15	9. 92 484	26	0. 07 516	9. 88 383	11	56
5	9. 80 882	15	9. 92 510	25	0. 07 490	9. 88 372	10	55
6	9. 80 897	15	9. 92 535	26	0. 07 465	9. 88 362	11	54
7	9. 80 912	15	9. 92 561	26	0. 07 439	9. 88 351	11	53
8	9. 80 927	15	9. 92 587	25	0. 07 413	9. 88 340	10	52
9	9. 80 942	15	9. 92 612	26	0. 07 388	9. 88 330	11	51
10	9. 80 957	15	9. 92 638	25	0. 07 362	9. 88 319	11	50
11	9. 80 972	15	9. 92 663	26	0. 07 337	9. 88 308	10	49
12	9. 80 987	15	9. 92 689	26	0. 07 311	9. 88 298	11	48
13	9. 81 002	15	9. 92 715	25	0. 07 285	9. 88 287	11	47
14	9. 81 017	15	9. 92 740	26	0. 07 260	9. 88 276	10	46
15	9. 81 032	15	9. 92 766	26	0. 07 234	9. 88 266	11	45
16	9. 81 047	14	9. 92 792	25	0. 07 208	9. 88 255	11	44
17	9. 81 061	15	9. 92 817	26	0. 07 183	9. 88 244	10	43
18	9. 81 076	15	9. 92 843	25	0. 07 157	9. 88 234	11	42
19	9. 81 091	15	9. 92 868	26	0. 07 132	9. 88 223	11	41
20	9. 81 106	15	9. 92 894	26	0. 07 106	9. 88 212	11	40
21	9. 81 121	15	9. 92 920	25	0. 07 080	9. 88 201	10	39
22	9. 81 136	15	9. 92 945	26	0. 07 055	9. 88 191	11	38
23	9. 81 151	15	9. 92 971	25	0. 07 029	9. 88 180	11	37
24	9. 81 166	14	9. 92 996	26	0. 07 004	9. 88 169	11	36
25	9. 81 180	15	9. 93 022	26	0. 06 978	9. 88 158	10	35
26	9. 81 195	15	9. 93 048	25	0. 06 952	9. 88 148	11	34
27	9. 81 210	15	9. 93 073	26	0. 06 927	9. 88 137	11	33
28	9. 81 225	15	9. 93 099	25	0. 06 901	9. 88 126	11	32
29	9. 81 240	14	9. 93 124	26	0. 06 876	9. 88 115	10	31
30	9. 81 254	15	9. 93 150	25	0. 06 850	9. 88 105	11	30
31	9. 81 269	15	9. 93 175	26	0. 06 825	9. 88 094	11	29
32	9. 81 284	15	9. 93 201	26	0. 06 799	9. 88 083	11	28
33	9. 81 299	15	9. 93 227	25	0. 06 773	9. 88 072	11	27
34	9. 81 314	14	9. 93 252	26	0. 06 748	9. 88 061	10	26
35	9. 81 328	15	9. 93 278	25	0. 06 722	9. 88 051	11	25
36	9. 81 343	15	9. 93 303	26	0. 06 697	9. 88 040	11	24
37	9. 81 358	14	9. 93 329	25	0. 06 671	9. 88 029	11	23
38	9. 81 372	15	9. 93 354	26	0. 06 646	9. 88 018	11	22
39	9. 81 387	15	9. 93 380	26	0. 06 620	9. 88 007	11	21
40	9. 81 402	15	9. 93 406	25	0. 06 594	9. 87 996	11	20
41	9. 81 417	14	9. 93 431	26	0. 06 569	9. 87 985	10	19
42	9. 81 431	15	9. 93 457	25	0. 06 543	9. 87 975	11	18
43	9. 81 446	15	9. 93 482	26	0. 06 518	9. 87 964	11	17
44	9. 81 461	14	9. 93 508	25	0. 06 492	9. 87 953	11	16
45	9. 81 475	15	9. 93 533	26	0. 06 467	9. 87 942	11	15
46	9. 81 490	15	9. 93 559	25	0. 06 441	9. 87 931	11	14
47	9. 81 505	14	9. 93 584	26	0. 06 416	9. 87 920	11	13
48	9. 81 519	15	9. 93 610	26	0. 06 390	9. 87 909	11	12
49	9. 81 534	15	9. 93 636	25	0. 06 364	9. 87 898	11	11
50	9. 81 549	14	9. 93 661	26	0. 06 339	9. 87 887	10	10
51	9. 81 563	15	9. 93 687	25	0. 06 313	9. 87 877	11	9
52	9. 81 578	14	9. 93 712	26	0. 06 288	9. 87 866	11	8
53	9. 81 592	15	9. 93 738	25	0. 06 262	9. 87 855	11	7
54	9. 81 607	15	9. 93 763	26	0. 06 237	9. 87 844	11	6
55	9. 81 622	14	9. 93 789	25	0. 06 211	9. 87 833	11	5
56	9. 81 636	15	9. 93 814	26	0. 06 186	9. 87 822	11	4
57	9. 81 651	14	9. 93 840	25	0. 06 160	9. 87 811	11	3
58	9. 81 665	15	9. 93 865	26	0. 06 135	9. 87 800	11	2
59	9. 81 680	14	9. 93 891	25	0. 06 109	9. 87 789	11	1
60	9. 81 694		9. 93 916		0. 06 084	9. 87 778		0
′	lg cos	d	lg ctg	d c	lg tg	lg sin	d	′

P P

	26	25
1	0,4	0,4
2	0,9	0,8
3	1,3	1,2
4	1,7	1,7
5	2,2	2,1
6	2,6	2,5
7	3,0	2,9
8	3,5	3,3
9	3,9	3,8
10	4,3	4,2
20	8,7	8,3
30	13,0	12,5
40	17,3	16,7
50	21,7	20,8

	15	14
1	0,2	0,2
2	0,5	0,5
3	0,8	0,7
4	1,0	0,9
5	1,2	1,2
6	1,5	1,4
7	1,8	1,6
8	2,0	1,9
9	2,2	2,1
10	2,5	2,3
20	5,0	4,7
30	7,5	7,0
40	10,0	9,3
50	12,5	11,7

	11	10
1	0,2	0,2
2	0,4	0,3
3	0,6	0,5
4	0,7	0,7
5	0,9	0,8
6	1,1	1,0
7	1,3	1,2
8	1,5	1,3
9	1,6	1,5
10	1,8	1,7
20	3,7	3,3
30	5,5	5,0
40	7,3	6,7
50	9,2	8,3

P P

49°

41°

′	lg sin	d	lg tg	d c	lg ctg	lg cos	d	′
0	9.81 694	15	9.93 916	26	0.06 084	9.87 778	11	60
1	9.81 709	14	9.93 942	25	0.06 058	9.87 767	11	59
2	9.81 723	15	9.93 967	26	0.06 033	9.87 756	11	58
3	9.81 738	14	9.93 993	25	0.06 007	9.87 745	11	57
4	9.81 752	15	9.94 018	26	0.05 982	9.87 734	11	56
5	9.81 767	14	9.94 044	25	0.05 956	9.87 723	11	55
6	9.81 781	15	9.94 069	26	0.05 931	9.87 712	11	54
7	9.81 796	14	9.94 095	25	0.05 905	9.87 701	11	53
8	9.81 810	15	9.94 120	26	0.05 880	9.87 690	11	52
9	9.81 825	14	9.94 146	25	0.05 854	9.87 679	11	51
10	9.81 839	15	9.94 171	26	0.05 829	9.87 668	11	50
11	9.81 854	14	9.94 197	25	0.05 803	9.87 657	11	49
12	9.81 868	14	9.94 222	26	0.05 778	9.87 646	11	48
13	9.81 882	15	9.94 248	25	0.05 752	9.87 635	11	47
14	9.81 897	14	9.94 273	26	0.05 727	9.87 624	11	46
15	9.81 911	15	9.94 299	25	0.05 701	9.87 613	12	45
16	9.81 926	14	9.94 324	26	0.05 676	9.87 601	11	44
17	9.81 940	15	9.94 350	25	0.05 650	9.87 590	11	43
18	9.81 955	14	9.94 375	26	0.05 625	9.87 579	11	42
19	9.81 969	14	9.94 401	25	0.05 599	9.87 568	11	41
20	9.81 983	15	9.94 426	26	0.05 574	9.87 557	11	40
21	9.81 998	14	9.94 452	25	0.05 548	9.87 546	11	39
22	9.82 012	14	9.94 477	26	0.05 523	9.87 535	11	38
23	9.82 026	15	9.94 503	25	0.05 497	9.87 524	11	37
24	9.82 041	14	9.94 528	26	0.05 472	9.87 513	12	36
25	9.82 055	14	9.94 554	25	0.05 446	9.87 501	11	35
26	9.82 069	15	9.94 579	25	0.05 421	9.87 490	11	34
27	9.82 084	14	9.94 604	26	0.05 396	9.87 479	11	33
28	9.82 098	14	9.94 630	25	0.05 370	9.87 468	11	32
29	9.82 112	14	9.94 655	26	0.05 345	9.87 457	11	31
30	9.82 126	15	9.94 681	25	0.05 319	9.87 446	12	30
31	9.82 141	14	9.94 706	26	0.05 294	9.87 434	11	29
32	9.82 155	14	9.94 732	25	0.05 268	9.87 423	11	28
33	9.82 169	15	9.94 757	26	0.05 243	9.87 412	11	27
34	9.82 184	14	9.94 783	25	0.05 217	9.87 401	11	26
35	9.82 198	14	9.94 808	26	0.05 192	9.87 390	12	25
36	9.82 212	14	9.94 834	25	0.05 166	9.87 378	11	24
37	9.82 226	14	9.94 859	25	0.05 141	9.87 367	11	23
38	9.82 240	15	9.94 884	26	0.05 116	9.87 356	11	22
39	9.82 255	14	9.94 910	25	0.05 090	9.87 345	11	21
40	9.82 269	14	9.94 935	26	0.05 065	9.87 334	12	20
41	9.82 283	14	9.94 961	25	0.05 039	9.87 322	11	19
42	9.82 297	14	9.94 986	26	0.05 014	9.87 311	11	18
43	9.82 311	15	9.95 012	25	0.04 988	9.87 300	12	17
44	9.82 326	14	9.95 037	25	0.04 963	9.87 288	11	16
45	9.82 340	14	9.95 062	26	0.04 938	9.87 277	11	15
46	9.82 354	14	9.95 088	25	0.04 912	9.87 266	11	14
47	9.82 368	14	9.95 113	26	0.04 887	9.87 255	12	13
48	9.82 382	14	9.95 139	25	0.04 861	9.87 243	11	12
49	9.82 396	14	9.95 164	26	0.04 836	9.87 232	11	11
50	9.82 410	14	9.95 190	25	0.04 810	9.87 221	12	10
51	9.82 424	15	9.95 215	25	0.04 785	9.87 209	11	9
52	9.82 439	14	9.95 240	26	0.04 760	9.87 198	11	8
53	9.82 453	14	9.95 266	25	0.04 734	9.87 187	12	7
54	9.82 467	14	9.95 291	26	0.04 709	9.87 175	11	6
55	9.82 481	14	9.95 317	25	0.04 683	9.87 164	11	5
56	9.82 495	14	9.95 342	26	0.04 658	9.87 153	12	4
57	9.82 509	14	9.95 368	25	0.04 632	9.87 141	11	3
58	9.82 523	14	9.95 393	25	0.04 607	9.87 130	11	2
59	9.82 537	14	9.95 418	26	0.04 582	9.87 119	12	1
60	9.82 551		9.95 444		0.04 556	9.87 107		0
′	lg cos	d	lg ctg	d c	lg tg	lg sin	d	′

P P

	26	25
1	0,4	0,4
2	0,9	0,8
3	1,3	1,2
4	1,7	1,7
5	2,2	2,1
6	2,6	2,5
7	3,0	2,9
8	3,5	3,3
9	3,9	3,8
10	4,3	4,2
20	8,7	8,3
30	13,0	12,5
40	17,3	16,7
50	21,7	20,8

	15	14
1	0,2	0,2
2	0,5	0,5
3	0,8	0,7
4	1,0	0,9
5	1,2	1,2
6	1,5	1,4
7	1,8	1,6
8	2,0	1,9
9	2,2	2,1
10	2,5	2,3
20	5,0	4,7
30	7,5	7,0
40	10,0	9,3
50	12,5	11,7

	12	11
1	0,2	0,2
2	0,4	0,4
3	0,6	0,6
4	0,8	0,7
5	1,0	0,9
6	1,2	1,1
7	1,4	1,3
8	1,6	1,5
9	1,8	1,6
10	2,0	1,8
20	4,0	3,7
30	6,0	5,5
40	8,0	7,3
50	10,0	9,2

P P

48°

42°

′	lg sin	d	lg tg	d c	lg ctg	lg cos	d	′
0	9. 82 551	14	9. 95 444	25	0. 04 556	9. 87 107	11	60
1	9. 82 565	14	9. 95 469	26	0. 04 531	9. 87 096	11	59
2	9. 82 579	14	9. 95 495	25	0. 04 505	9. 87 085	12	58
3	9. 82 593	14	9. 95 520	25	0. 04 480	9. 87 073	11	57
4	9. 82 607	14	9. 95 545	26	0. 04 455	9. 87 062	12	56
5	9. 82 621	14	9. 95 571	25	0. 04 429	9. 87 050	11	55
6	9. 82 635	14	9. 95 596	26	0. 04 404	9. 87 039	11	54
7	9. 82 649	14	9. 95 622	25	0. 04 378	9. 87 028	12	53
8	9. 82 663	14	9. 95 647	25	0. 04 353	9. 87 016	11	52
9	9. 82 677	14	9. 95 672	26	0. 04 328	9. 87 005	12	51
10	9. 82 691	14	9. 95 698	25	0. 04 302	9. 86 993	11	50
11	9. 82 705	14	9. 95 723	25	0. 04 277	9. 86 982	12	49
12	9. 82 719	14	9. 95 748	26	0. 04 252	9. 86 970	11	48
13	9. 82 733	14	9. 95 774	25	0. 04 226	9. 86 959	12	47
14	9. 82 747	14	9. 95 799	26	0. 04 201	9. 86 947	11	46
15	9. 82 761	14	9. 95 825	25	0. 04 175	9. 86 936	12	45
16	9. 82 775	13	9. 95 850	25	0. 04 150	9. 86 924	11	44
17	9. 82 788	14	9. 95 875	26	0. 04 125	9. 86 913	11	43
18	9. 82 802	14	9. 95 901	25	0. 04 099	9. 86 902	12	42
19	9. 82 816	14	9. 95 926	26	0. 04 074	9. 86 890	11	41
20	9. 82 830	14	9. 95 952	25	0. 04 048	9. 86 879	12	40
21	9. 82 844	14	9. 95 977	25	0. 04 023	9. 86 867	12	39
22	9. 82 858	14	9. 96 002	26	0. 03 998	9. 86 855	11	38
23	9. 82 872	13	9. 96 028	25	0. 03 972	9. 86 844	12	37
24	9. 82 885	14	9. 96 053	25	0. 03 947	9. 86 832	11	36
25	9. 82 899	14	9. 96 078	26	0. 03 922	9. 86 821	12	35
26	9. 82 913	14	9. 96 104	25	0. 03 896	9. 86 809	11	34
27	9. 82 927	14	9. 96 129	26	0. 03 871	9. 86 798	12	33
28	9. 82 941	14	9. 96 155	25	0. 03 845	9. 86 786	11	32
29	9. 82 955	13	9. 96 180	25	0. 03 820	9. 86 775	12	31
30	9. 82 968	14	9. 96 205	26	0. 03 795	9. 86 763	11	30
31	9. 82 982	14	9. 96 231	25	0. 03 769	9. 86 752	12	29
32	9. 82 996	14	9. 96 256	25	0. 03 744	9. 86 740	12	28
33	9. 83 010	13	9. 96 281	26	0. 03 719	9. 86 728	11	27
34	9. 83 023	14	9. 96 307	25	0. 03 693	9. 86 717	12	26
35	9. 83 037	14	9. 96 332	25	0. 03 668	9. 86 705	11	25
36	9. 83 051	14	9. 96 357	26	0. 03 643	9. 86 694	12	24
37	9. 83 065	13	9. 96 383	25	0. 03 617	9. 86 682	12	23
38	9. 83 078	14	9. 96 408	25	0. 03 592	9. 86 670	11	22
39	9. 83 092	14	9. 96 433	26	0. 03 567	9. 86 659	12	21
40	9. 83 106	14	9. 96 459	25	0. 03 541	9. 86 647	12	20
41	9. 83 120	13	9. 96 484	26	0. 03 516	9. 86 635	11	19
42	9. 83 133	14	9. 96 510	25	0. 03 490	9. 86 624	12	18
43	9. 83 147	14	9. 96 535	25	0. 03 465	9. 86 612	12	17
44	9. 83 161	13	9. 96 560	26	0. 03 440	9. 86 600	11	16
45	9. 83 174	14	9. 96 586	25	0. 03 414	9. 86 589	12	15
46	9. 83 188	14	9. 96 611	25	0. 03 389	9. 86 577	12	14
47	9. 83 202	13	9. 96 636	26	0. 03 364	9. 86 565	11	13
48	9. 83 215	14	9. 96 662	25	0. 03 338	9. 86 554	12	12
49	9. 83 229	13	9. 96 687	25	0. 03 313	9. 86 542	12	11
50	9. 83 242	14	9. 96 712	26	0. 03 288	9. 86 530	12	10
51	9. 83 256	14	9. 96 738	25	0. 03 262	9. 86 518	11	9
52	9. 83 270	13	9. 96 763	25	0. 03 237	9. 86 507	12	8
53	9. 83 283	14	9. 96 788	26	0. 03 212	9. 86 495	12	7
54	9. 83 297	13	9. 96 814	25	0. 03 186	9. 86 483	11	6
55	9. 83 310	14	9. 96 839	25	0. 03 161	9. 86 472	12	5
56	9. 83 324	14	9. 96 864	26	0. 03 136	9. 86 460	12	4
57	9. 83 338	13	9. 96 890	25	0. 03 110	9. 86 448	12	3
58	9. 83 351	14	9. 96 915	25	0. 03 085	9. 86 436	11	2
59	9. 83 365	13	9. 96 940	26	0. 03 060	9. 86 425	12	1
60	9. 83 378		9. 96 966		0. 03 034	9. 86 413		0
′	lg cos	d	lg ctg	d c	lg tg	lg sin	d	′

P P

	26	25
1	0,4	0,4
2	0,9	0,8
3	1,3	1,2
4	1 7	1,7
5	2,2	2,1
6	2,6	2,5
7	3,0	2,9
8	3,5	3,3
9	3,9	3,8
10	4,3	4,2
20	8,7	8,3
30	13,0	12,5
40	17,3	16,7
50	21,7	20,8

	14	13
1	0,2	0,2
2	0,5	0,4
3	0,7	0,6
4	0,9	0,9
5	1,2	1,1
6	1,4	1,3
7	1,6	1,5
8	1,9	1,7
9	2,1	2,0
10	2,3	2,2
20	4,7	4,3
30	7,0	6,5
40	9,3	8,7
50	11,7	10,8

	12	11
1	0,2	0,2
2	0,4	0,4
3	0,6	0,6
4	0,8	0,7
5	1,0	0,9
6	1,2	1,1
7	1,4	1,3
8	1,6	1,5
9	1,8	1,6
10	2,0	1,8
20	4,0	3,7
30	6,0	5,5
40	8,0	7,3
50	10,0	9,2

P P

47°

43°

′	lg sin	d	lg tg	d c	lg ctg	lg cos	d	′
0	9. 83 378	14	9. 96 966	25	0. 03 034	9. 86 413	12	60
1	9. 83 392	13	9. 96 991	25	0. 03 009	9. 86 401	12	59
2	9. 83 405	14	9. 97 016	26	0. 02 984	9. 86 389	12	58
3	9. 83 419	13	9. 97 042	25	0. 02 958	9. 86 377	11	57
4	9. 83 432	14	9. 97 067	25	0. 02 933	9. 86 366	12	56
5	9. 83 446	13	9. 97 092	26	0. 02 908	9. 86 354	12	55
6	9. 83 459	14	9. 97 118	25	0. 02 882	9. 86 342	12	54
7	9. 83 473	13	9. 97 143	25	0. 02 857	9. 86 330	12	53
8	9. 83 486	14	9. 97 168	25	0. 02 832	9. 86 318	12	52
9	9. 63 500	13	9. 97 193	26	0. 02 807	9. 86 306	11	51
10	9. 83 513	14	9. 97 219	25	0. 02 781	9. 86 295	12	50
11	9. 83 527	13	9. 97 244	25	0. 02 756	9. 86 283	12	49
12	9. 83 540	14	9. 97 269	26	0. 02 731	9. 86 271	12	48
13	9. 83 554	13	9. 97 295	25	0. 02 705	9. 86 259	12	47
14	9. 83 567	14	9. 97 320	25	0. 02 680	9. 86 247	12	46
15	9. 83 581	13	9. 97 345	26	0. 02 655	9. 86 235	12	45
16	9. 83 594	14	9. 97 371	25	0. 02 629	9. 86 223	12	44
17	9. 83 608	13	9. 97 396	25	0. 02 604	9. 86 211	11	43
18	9. 83 621	13	9. 97 421	26	0. 02 579	9. 86 200	12	42
19	9. 83 634	14	9. 97 447	25	0. 02 553	9. 86 188	12	41
20	9. 83 648	13	9 97 472	25	0. 02 528	9. 86 176	12	40
21	9. 83 661	13	9. 97 497	26	0. 02 503	9. 86 164	12	39
22	9. 83 674	14	9. 97 523	25	0. 02 477	9. 86 152	12	38
23	9. 83 688	13	9. 97 548	25	0. 02 452	9. 86 140	12	37
24	9. 83 701	14	9. 97 573	25	0. 02 427	9. 86 128	12	36
25	9. 83 715	13	9. 97 598	26	0. 02 402	9. 86 116	12	35
26	9. 83 728	13	9. 97 624	25	0. 02 376	9. 86 104	12	34
27	9. 83 741	14	9. 97 649	25	0. 02 351	9. 86 092	12	33
28	9. 83 755	13	9. 97 674	26	0. 02 326	9. 86 080	12	32
29	9. 83 768	13	9. 97 700	25	0. 02 300	9. 86 068	12	31
30	9. 83 781	14	9. 97 725	25	0. 02 275	9. 86 056	12	30
31	9. 83 795	13	9. 97 750	26	0. 02 250	9. 86 044	12	29
32	9. 83 808	13	9. 97 776	25	0. 02 224	9. 86 032	12	28
33	9. 83 821	13	9. 97 801	25	0. 02 199	9. 86 020	12	27
34	9. 83 834	14	9. 97 826	25	0. 02 174	9. 86 008	12	26
35	9. 83 848	13	9. 97 851	26	0. 02 149	9. 85 996	12	25
36	9. 83 861	13	9. 97 877	25	0. 02 123	9. 85 984	12	24
37	9. 83 874	13	9. 97 902	25	0. 02 098	9. 85 972	12	23
38	9. 83 887	14	9. 97 927	26	0. 02 073	9. 85 960	12	22
39	9. 83 901	13	9. 97 953	25	0. 02 047	9. 85 948	12	21
40	9. 83 914	13	9. 97 978	25	0. 02 022	9. 85 936	12	20
41	9. 83 927	13	9. 98 003	26	0. 01 997	9. 85 924	12	19
42	9. 83 940	14	9. 98 029	25	0. 01 971	9. 85 912	12	18
43	9. 83 954	13	9. 98 054	25	0. 01 946	9. 85 900	12	17
44	9. 83 967	13	9. 98 079	25	0. 01 921	9. 85 888	12	16
45	9. 83 980	13	9. 98 104	26	0. 01 896	9. 85 876	12	15
46	9. 83 993	13	9. 98 130	25	0. 01 870	9. 85 864	13	14
47	9. 84 006	14	9. 98 155	25	0. 01 845	9. 85 851	12	13
48	9. 84 020	13	9. 98 180	26	0. 01 820	9. 85 889	12	12
49	9. 84 033	13	9. 98 206	25	0. 01 794	9. 85 827	12	11
50	9. 84 046	13	9. 98 231	25	0. 01 769	9. 85 815	12	10
51	9. 84 059	13	9. 98 256	25	0. 01 744	9. 85 803	12	9
52	9. 84 072	13	9. 98 281	26	0. 01 719	9. 85 791	12	8
53	9. 84 085	13	9. 98 307	25	0. 01 693	9. 85 779	13	7
54	9. 84 098	14	9. 98 332	25	0. 01 668	9. 85 766	12	6
55	9. 84 112	13	9. 98 357	26	0. 01 643	9. 85 754	12	5
56	9. 84 125	13	9. 98 383	25	0. 01 617	9. 85 742	12	4
57	9. 84 138	13	9. 98 408	25	0. 01 592	9. 85 730	12	3
58	9. 84 151	13	9. 98 433	25	0. 01 567	9. 85 718	12	2
59	9. 84 164	13	9. 98 458	26	0. 01 542	9. 85 706	13	1
60	9. 84 177		9. 98 484		0. 01 516	9. 85 693		0
′	lg cos	d	lg ctg	d c	lg tg	lg sin	d	′

P P

	26	25
1	0,4	0,4
2	0,9	0,8
3	1,3	1,2
4	1,7	1,7
5	2,2	2,1
6	2,6	2,5
7	3,0	2,9
8	3,5	3,3
9	3,9	3,8
10	4,3	4,2
20	8,7	8,3
30	13,0	12,5
40	17,3	16,7
50	21,7	20,8

	14	13
1	0,2	0,2
2	0,5	0,4
3	0,7	0,6
4	0,9	0,9
5	1,2	1,1
6	1,4	1,3
7	1,6	1,5
8	1,9	1,7
9	2,1	2,0
10	2,3	2,2
20	4,7	4,3
30	7,0	6,5
40	9,3	8,7
50	11,7	10,8

	12	11
1	0,2	0,2
2	0,4	0,4
3	0,6	0,6
4	0,8	0,7
5	1,0	0,9
6	1,2	1,1
7	1,4	1,3
8	1,6	1,5
9	1,8	1,6
10	2,0	1,8
20	4,0	3,7
30	6,0	5,5
40	8,0	7,3
50	10,0	9,2

P P

46°

′	lg sin	d	lg tg	d c	lg ctg	lg cos	d	′
0	9. 84 177		9. 98 484		0. 01 516	9. 85 693		60
1	9. 84 190	13	9. 98 509	25	0. 01 491	9. 85 681	12	59
2	9. 84 203	13	9. 98 534	25	0. 01 466	9. 85 669	12	58
3	9. 84 216	13	9. 98 560	26	0. 01 440	9. 85 657	12	57
4	9. 84 229	13	9. 98 585	25	0. 01 415	9. 85 645	12	56
5	9. 84 242	13	9. 98 610	25	0. 01 390	9. 85 632	13	55
6	9. 84 255	13	9. 98 635	25	0. 01 365	9. 85 620	12	54
7	9. 84 269	14	9. 98 661	26	0. 01 339	9. 85 608	12	53
8	9. 84 282	13	9. 98 686	25	0. 01 314	9. 85 596	12	52
9	9. 84 295	13	9. 98 711	25	0. 01 289	9. 85 583	13	51
10	9. 84 308	13	9. 98 737	26	0. 01 263	9. 85 571	12	50
11	9. 84 321	13	9. 98 762	25	0. 01 238	9. 85 559	12	49
12	9. 84 334	13	9. 98 787	25	0. 01 213	9. 85 547	12	48
13	9. 84 347	13	9. 98 812	25	0. 01 188	9. 85 534	13	47
14	9. 84 360	13	9. 98 838	26	0. 01 162	9. 85 522	12	46
15	9. 84 373	13	9. 98 863	25	0. 01 137	9. 85 510	12	45
16	9. 84 385	12	9. 98 888	25	0. 01 112	9. 85 497	13	44
17	9. 84 398	13	9. 98 913	25	0. 01 087	9. 85 485	12	43
18	9. 84 411	13	9. 98 939	26	0. 01 061	9. 85 473	12	42
19	9. 84 424	13	9. 98 964	25	0. 01 036	9. 85 460	13	41
20	9. 84 437	13	9. 98 989	25	0. 01 011	9. 85 448	12	40
21	9. 84 450	13	9. 99 015	26	0. 00 985	9. 85 436	12	39
22	9. 84 463	13	9. 99 040	25	0. 00 960	9. 85 423	13	38
23	9. 84 476	13	9. 99 065	25	0. 00 935	9. 85 411	12	37
24	9. 84 489	13	9. 99 090	25	0. 00 910	9. 85 399	12	36
25	9. 84 502	13	9. 99 116	26	0. 00 884	9. 85 386	13	35
26	9. 84 515	13	9. 99 141	25	0. 00 859	9. 85 374	12	34
27	9. 84 528	13	9. 99 166	25	0. 00 834	9. 85 361	13	33
28	9. 84 540	12	9. 99 191	25	0. 00 809	9. 85 349	12	32
29	9. 84 553	13	9. 99 217	26	0. 00 783	9. 85 337	12	31
30	9. 84 566	13	9. 99 242	25	0. 00 758	9. 85 324	13	30
31	9. 84 579	13	9. 99 267	25	0. 00 733	9. 85 312	12	29
32	9. 84 592	13	9. 99 293	26	0. 00 707	9. 85 299	13	28
33	9. 84 605	13	9. 99 318	25	0. 00 682	9. 85 287	12	27
34	9. 84 618	13	9. 99 343	25	0. 00 657	9. 85 274	13	26
35	9. 84 630	12	9. 99 368	25	0. 00 632	9. 85 262	12	25
36	9. 84 643	13	9. 99 394	26	0. 00 606	9. 85 250	12	24
37	9. 84 656	13	9. 99 419	25	0. 00 581	9. 85 237	13	23
38	9. 84 669	13	9. 99 444	25	0. 00 556	9. 85 225	12	22
39	9. 84 682	13	9. 99 469	25	0. 00 531	9. 85 212	13	21
40	9. 84 694	12	9. 99 495	26	0. 00 505	9. 85 200	12	20
41	9. 84 707	13	9. 99 520	25	0. 00 480	9. 85 187	13	19
42	9. 84 720	13	9. 99 545	25	0. 00 455	9. 85 175	12	18
43	9. 84 733	13	9. 99 570	25	0. 00 430	9. 85 162	13	17
44	9. 84 745	12	9. 99 596	26	0. 00 404	9. 85 150	12	16
45	9. 84 758	13	9. 99 621	25	0. 00 379	9. 85 137	13	15
46	9. 84 771	13	9. 99 646	25	0. 00 354	9. 85 125	12	14
47	9. 84 784	13	9. 99 672	26	0. 00 328	9. 85 112	13	13
48	9. 84 796	12	9. 99 697	25	0. 00 303	9. 85 100	12	12
49	9. 84 809	13	9. 99 722	25	0. 00 278	9. 85 087	13	11
50	9. 84 822	13	9. 99 747	25	0. 00 253	9. 85 074	13	10
51	9. 84 835	13	9. 99 773	26	0. 00 227	9. 85 062	12	9
52	9. 84 847	12	9. 99 798	25	0. 00 202	9. 85 049	13	8
53	9. 84 860	13	9. 99 823	25	0. 00 177	9. 85 037	12	7
54	9. 84 873	13	9. 99 848	25	0. 00 152	9. 85 024	13	6
55	9. 84 885	12	9. 99 874	26	0. 00 126	9. 85 012	12	5
56	9. 84 898	13	9. 99 899	25	0. 00 101	9. 84 999	13	4
57	9. 84 911	13	9. 99 924	25	0. 00 076	9. 84 986	13	3
58	9. 84 923	12	9. 99 949	25	0. 00 051	9. 84 974	12	2
59	9. 84 936	13	9. 99 975	26	0. 00 025	9. 84 961	13	1
60	9. 84 949	13	0. 00 000	25	0. 00 000	9. 84 949	12	0
′	lg cos	d	lg ctg	d c	lg tg	lg sin	d	′

P P

	26	25
1	0,4	0,4
2	0,9	0,8
3	1,3	1,2
4	1,7	1,7
5	2,2	2,1
6	2,6	2,5
7	3,0	2,9
8	3,5	3,3
9	3,9	3,8
10	4,3	4,2
20	8,7	8,3
30	13,0	12,5
40	17,3	16,7
50	21,7	20,8

	14	13	12
1	0,2	0,2	0,2
2	0,5	0,4	0,4
3	0,7	0,6	0,6
4	0,9	0,9	0,8
5	1,2	1,1	1,0
6	1,4	1,3	1,2
7	1,6	1,5	1,4
8	1,9	1,7	1,6
9	2,1	2,0	1,8
10	2,3	2,2	2,0
20	4,7	4,3	4,0
30	7,0	6,5	6,0
40	9,3	8,7	8,0
50	11,7	10,8	10,0

P P

Die trigonometrischen Funktionen für die ganzen Grade

Grad	Bogen	d	sin	d	tg	d	ctg	d	cos	d	Bogen	d	Grad
0	0.0000	175	0.0000	175	0.0000	175	∞		1.0000	2	1.5708	175	90
1	0.0175	174	0.0175	174	0.0175	174	57.2900	28.6537	0.9998	4	1.5533	174	89
2	0.0349	175	0.0349	174	0.0349	175	28.6363	9.5552	0.9994	8	1.5359	175	88
3	0.0524	174	0.0523	175	0.0524	175	19.0811	4.7804	0.9986	10	1.5184	174	87
4	0.0698	175	0.0698	174	0.0699	176	14.3007	2.8706	0.9976	14	1.5010	175	86
5	0.0873	174	0.0872	173	0.0875	176	11.4301	1.9157	0.9962	17	1.4835	174	85
6	0.1047	175	0.1045	174	0.1051	177	9.5144	1.3701	0.9945	20	1.4661	175	84
7	0.1222	174	0.1219	173	0.1228	177	8.1443	1.0289	0.9925	22	1.4486	174	83
8	0.1396	175	0.1392	172	0.1405	179	7.1154	0.8016	0.9903	26	1.4312	175	82
9	0.1571	174	0.1564	172	0.1584	179	6.3138	0.6425	0.9877	29	1.4137	174	81
10	0.1745	175	0.1736	172	0.1763	181	5.6713	5267	0.9848	32	1.3963	175	80
11	0.1920	174	0.1908	171	0.1944	182	5.1446	4400	0.9816	35	1.3788	174	79
12	0.2094	175	0.2079	171	0.2126	183	4.7046	3731	0.9781	37	1.3614	175	78
13	0.2269	174	0.2250	169	0.2309	184	4.3315	3207	0.9744	41	1.3439	174	77
14	0.2443	175	0.2419	169	0.2493	186	4.0108	2787	0.9703	44	1.3265	175	76
15	0.2618	175	0.2588	168	0.2679	188	3.7321	2447	0.9659	46	1.3090	175	75
16	0.2793	174	0.2756	168	0.2867	190	3.4874	2165	0.9613	50	1.2915	174	74
17	0.2967	175	0.2924	166	0.3057	192	3.2709	1932	0.9563	52	1.2741	175	73
18	0.3142	174	0.3090	166	0.3249	194	3.0777	1735	0.9511	56	1.2566	174	72
19	0.3316	175	0.3256	164	0.3443	197	2.9042	1567	0.9455	58	1.2392	175	71
20	0.3491	174	0.3420	164	0.3640	199	2.7475	1424	0.9397	61	1.2217	174	70
21	0.3665	175	0.3584	162	0.3839	201	2.6051	1300	0.9336	64	1.2043	175	69
22	0.3840	174	0.3746	161	0.4040	205	2.4751	1192	0.9272	67	1.1868	174	68
23	0.4014	175	0.3907	160	0.4245	207	2.3559	1099	0.9205	70	1.1694	175	67
24	0.4189	174	0.4067	159	0.4452	211	2.2460	1015	0.9135	72	1.1519	174	66
25	0.4363	175	0.4226	158	0.4663	214	2.1445	942	0.9063	75	1.1345	175	65
26	0.4538	174	0.4384	156	0.4877	218	2.0503	877	0.8988	78	1.1170	174	64
27	0.4712	175	0.4540	155	0.5095	222	1.9626	819	0.8910	81	1.0996	175	63
28	0.4887	174	0.4695	153	0.5317	226	1.8807	767	0.8829	83	1.0821	174	62
29	0.5061	175	0.4848	152	0.5543	231	1.8040	719	0.8746	86	1.0647	175	61
30	0.5236	175	0.5000	150	0.5774	235	1.7321	678	0.8660	88	1.0472	175	60
31	0.5411	174	0.5150	149	0.6009	240	1.6643	640	0.8572	92	1.0297	174	59
32	0.5585	175	0.5299	147	0.6249	245	1.6003	604	0.8480	93	1.0123	175	58
33	0.5760	174	0.5446	146	0.6494	251	1.5399	573	0.8387	97	0.9948	174	57
34	0.5934	175	0.5592	144	0.6745	257	1.4826	545	0.8290	98	0.9774	175	56
35	0.6109	174	0.5736	142	0.7002	263	1.4281	517	0.8192	102	0.9599	174	55
36	0.6283	175	0.5878	140	0.7265	271	1.3764	494	0.8090	104	0.9425	175	54
37	0.6458	174	0.6018	139	0.7536	277	1.3270	471	0.7986	106	0.9250	174	53
38	0.6632	175	0.6157	136	0.7813	285	1.2799	450	0.7880	109	0.9076	175	52
39	0.6807	174	0.6293	135	0.8098	293	1.2349	431	0.7771	111	0.8901	174	51
40	0.6981	175	0.6428	133	0.8391	302	1.1918	414	0.7660	113	0.8727	175	50
41	0.7156	174	0.6561	130	0.8693	311	1.1504	398	0.7547	116	0.8552	174	49
42	0.7330	175	0.6691	129	0.9004	321	1.1106	382	0.7431	117	0.8378	175	48
43	0.7505	175	0.6820	127	0.9325	332	1.0724	369	0.7314	121	0.8203	174	47
44	0.7680	174	0.6947	124	0.9657	343	1.0355	355	0.7193	122	0.8029	175	46
45	0.7854		0.7071		1.0000		1.0000		0.7071		0.7854		45
Grad	Bogen	d	cos	d	ctg	d	tg	d	sin	d	Bogen	d	Grad

Verhältnis des Kreisumfanges zum Durchmesser = Kreisumfang mit dem Durchmesser 1:

		lg
$\pi = 3.14\,159\,265\,358\,979\,323\,846\,264\,338\,328$	. . . .	0.49714987
$\frac{1}{\pi} = 0.31\,830\,99$	. . . .	9.50285 01—10
$\frac{180}{\pi} = 57.29\,577\,95$	. . . .	1.75812 26
$\frac{\pi}{180} = 0.01\,745\,33$	. . . .	8.24187 74—10
$\frac{60 \cdot 180}{\pi} = 3437.74\,68$	. . . .	3.53627 39
$\frac{\pi}{60 \cdot 180} = 0.00\,029\,09$	. . . .	6.46372 61—10
$\pi^2 = 9.86\,960\,44$	. . . .	0.99429 97
$\sqrt{\pi} = 1.77\,245\,39$	. . . .	0.24857 49
Basis der natürlichen Logarithmen $e = 2.71\,828\,182\,846$	. . . .	0.43429448
Modul der Logarithmen für die Basis 10 $= \frac{\log^{10}}{\log^{e}} = M = 0.43\,429\,448$	.	9.63778431—10

MIX
Papier | Fördert gute Waldnutzung
FSC® C083411

Zeitfracht Medien GmbH
Ferdinand-Jühlke-Straße 7
99095 Erfurt, Deutschland
produktsicherheit@kolibri360.de